建筑工人技能培训教程

油 漆 工

本书编委会 编

中国建筑工业出版社

图书在版编目（CIP）数据

油漆工/《油漆工》编委会编. —北京：中国建筑工
业出版社，2017.5
建筑工人技能培训教程
ISBN 978-7-112-20659-9

Ⅰ.①油… Ⅱ.①油… Ⅲ.①建筑工程-涂漆-技术
培训-教材 Ⅳ.①TU767

中国版本图书馆 CIP 数据核字（2017）第 080084 号

　　本书内容共 4 章，包括油漆、涂料基本知识；建筑装修涂饰工
程；防火、防腐涂料施工；涂装的安全与环保。本书内容比较全面，
编写过程中通过油漆工工作内容的基本内涵、基本作用及目的、基本
操作流程来达到"会用、实用、够用"的原则，以浅显易懂、重实用
为方针。

　　本书适合于油漆工及相关专业的工人学习参考使用。

　　责任编辑：张　磊　万　李　范业庶
　　责任设计：李志立
　　责任校对：赵　颖　姜小莲

建筑工人技能培训教程
油　漆　工
本书编委会　编

*

中国建筑工业出版社出版、发行（北京海淀三里河路 9 号）
各地新华书店、建筑书店经销
霸州市顺浩图文科技发展有限公司制版
北京云浩印刷有限责任公司印刷

*

开本：850×1168 毫米　1/32　印张：3⅞　字数：103 千字
2017 年 10 月第一版　2017 年 10 月第一次印刷
定价：15.00 元
ISBN 978-7-112-20659-9
（30315）

本书编委会

主　　编：赵志刚　高克送

副 主 编：傅宝剑　芦　森　徐利红　程世韬

参编人员：方　园　张海林　赵玉泽　杨　凡　赵雅楠

　　　　　邢志敏　杨　超　杜金虎　张院卫　章和何

　　　　　曾　雄　陈少东　乌兰图雅　操岳林

　　　　　黄明辉　朱　健　李大炯　钱传彬　刘建新

　　　　　刘　桐　闫　冬　唐福钧　娄　鹏　陈德荣

　　　　　周业凯　陈　曦　艾成豫　龚　聪

前　　言

随着我国经济建设的飞速发展，工程建设规模日益扩大，建筑施工队伍不断增加，建筑工程基层施工人员技术水平的高低直接影响到工程项目施工的质量和效率，关系到企业的信誉、前途和发展。为了满足社会发展需求，以高职高专、大中专土木工程类学生及土木工程技术与项目管理人员和工人能够接受为目的，编制切实可行的油漆工实用的参考书籍。涉及油漆工的内容比较全面，包括：油漆、涂料基本知识；建筑装修涂饰工程；防火、防腐涂料施工及涂装的安全与环保等内容。

通过本书的学习，您将有以下收获：

1. 了解油漆、涂料的基本知识，熟悉涂料选用及调配方法。

2. 掌握建筑装修涂饰工程的施工工艺流程，熟悉施工要点。

3. 掌握建筑装修涂饰工程专业质量验收规范的主控项目、一般项目与质量控制资料的基本内容。

4. 掌握防火、防腐涂料的施工工艺流程，熟悉各种涂料的施工要点。

5. 熟悉涂装的安全与环保。

编制过程中通过油漆工工作内容的基本内涵、基本作用及目的、基本操作流程来达到"会用、实用、够用"的原则，以浅显易懂、重实用为方针进行编撰。

本书由北京城建北方建设有限责任公司赵志刚担任主编，由中国建筑第八工程局有限公司高克送担任第二主编；由大立建设集团有限公司傅宝剑、浙江亚厦装饰股份有限公司芦森、华煜建设集团有限公司徐利红、新世纪建设集团有限公司程世韬担任副主编。由于编者水平有限，书中难免有不妥之处，欢迎广大读者批评指正，意见及建议可发送至邮箱 bwhzj1990@163.com。

目　　录

第1章 油漆、涂料基本知识

1.1 调配涂料的颜色

1.1.1 调配涂料颜色的原则及方法

1. 调配涂料颜色的原则

(1) 颜料与配制涂料相配套的原则。

在涂刷材料配制色彩的过程中，所使用的颜料与配制的涂料性质必须相同，不起化学反应。这样才能保证颜料与配制涂料的相容性、成色的稳定性和涂料的质量，否则，配制不出符合要求的涂料。例如，油基颜料适用于调制油性的涂料而不适用于调制硝基涂料。

(2) 选用颜料的获色组合正确、简练的原则。

对所需涂料颜色必须正确地分析，确认标准色板的色素构成，并且正确分析其主色、次色、辅色等。

选用的颜料品种简练。能用原色配成的不用间色，能用间色配成的不用复色，切忌撮药式的配色。

(3) 先主色、后翻色、再次色，依序渐进、由浅入深的原则。

调配某一色彩涂料的各种颜料的用量，可先做少量的试配，认真记录所配原涂料与加入各种颜料的比例；所需的各种色素最好进行等量的稀释，以便在调配过程中能充分地触合；要正确地判断所调制的涂料与样板色的成色差，一般来讲，油色宜浅一成，水色宜深三成左右。

单个工程所需的涂料按其用量最好一次配成，以免多次调配造成色差。

因气候原因造成涂料稠度过大时，应在涂料中掺入适量的稀释剂，使其稠度降至符合施工要求。稀释剂的用量不宜超过涂料质量的 20%，超过就会降低涂膜性能。稀释剂必须与涂料配套使用，不能滥用，以免造成质量事故，如虫胶漆须用乙醇，而硝基漆则要用香蕉水。

2. 调配涂料颜色的方法

在 20 世纪 90 年代以前，由于各种原因，我国涂料市场上可供选择的涂料颜色以大红、中绿、深绿、中黄、深蓝、中蓝、白和黑等为主，施工中通常不需要进行颜色调配，调配方法有且仅有手工调配法。到了 20 世纪 90 年代初，随着家具业和房屋装修业的发展，特别是在 20 世纪 90 年代末，我国汽车面漆修补业和电子技术取得了飞速发展，电脑和电子秤在涂装领域得到了一定的应用，便出现了"电脑调漆"。目前，全自动电脑调配法也已在我国出现，并在小范围内有所应用。

（1）手工调色法

手工调色法是一种最简单、最基本的调色方法。该方法无需专用设备，但要求操作者具有相关的色彩知识和一定的操作技能。

相关的色彩知识：尽管颜色的种类很多，人们用肉眼可以识别的颜色种类近 30 万种，但每一种颜色都具有三种显著的特性，又称为色彩的三属性（或色彩的三要素）：色相（也称色调）、明度（也称亮度）、彩度（也称饱和度、色度）；且任何一种颜色色相和彩度是由红、黄、蓝三种原色调配确定，而明度则用黑色和白色进行调整。等量的红色与黄色混合调配成橙色；等量的黄色与蓝色混合调配成绿色；等量的蓝色与红色混合调配成紫色；红色、黄色和蓝色中分别加入一定量的白色可调配成粉红、浅红、浅蓝、浅天蓝、浅黄、奶黄、蛋黄、牙黄等深浅不一的多种颜色。因此手工调色法必须具备以上相关的配色知识，才有可能进行颜色的调配。

颜色的确认：对于任何一种拟调配的"子色"，首先应将涂膜标准色卡或样板色、实物色置于光线充足的地方或标准光源下，以辨认出涂料颜色中的主色和辅色，即该色样主要由哪几种颜色调制而成的，大致配比如何，是否需用黑色或白色进行颜色明度调整等基本情况。

配色前的准备：根据以上对颜色的确认，准备同种类、一定数量的各种"母色"涂料，同时准备配色的各种器具，以及制作小样的白铁皮或玻璃板等，并清洗各器具，使其保持清洁状态。

小样调配：打开各颜色的涂料桶，用调色棒反复搅匀，先取主色涂料液数滴，滴于桶盖或白铁皮、玻璃板上，再依主次顺序用同样方法滴取其他颜色的涂料，对照样板色，边加边搅拌，直到调配出所需的"子色"，可多次配小样。在调配过程中，应确认各色用量比，且注意是否有结块、浮色等不良现象。

颜色的调配：依据小样调配大致质量比，计算出各"母色"涂料的大致用量，先将50％主色涂料倒入调色桶中，依次加各辅色计算用量的50％，反复搅匀后制作涂料色样板，待溶剂挥发、浮色现象稳定后，再与原色样对比。根据色差程度，微调第二轮各色添加量，特别要注意深色漆的添加，少加多搅，防止过量。当调整至与标准色接近时，再次制作涂料小样样板，待溶剂挥发、浮色现象稳定后，再与原色样对比，直至与色样很近。应注意，若色样为湿膜，则可将新调配的涂料滴于同面进行湿膜对比，可做到完全一致；若色样为干膜，则将调出的湿膜颜色与干膜色样对比，宜浅而不能深。该法所调配出的颜色色差与操作者的技能关系较大。经多次调配，一般色差 ΔE 能控制在 1.5NBS（CIELAB 表色法中色差单位）以内。

（2）电脑调色法

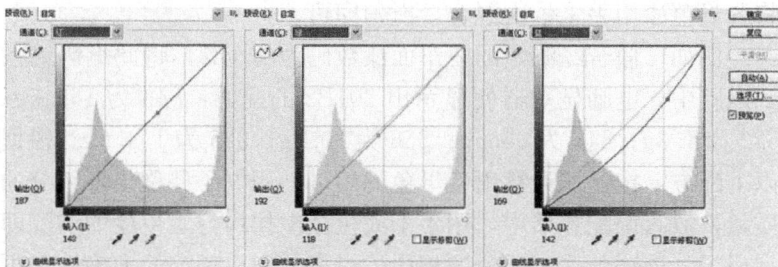

图 1-1 电脑调色

电脑调色法，即市场上常见的"电脑调漆"，因调漆过程中使用电脑而得名（见图1-1）。电脑在该调配方法中实际上充当了一个大型的涂料配方资料库，储存了由涂料生产厂家提供的各种子色漆的标准配方，并对配方中的各母色漆及子色漆进行了编码（VIN）。一般不同的涂料生产厂家具有不同的涂料颜色编码规则，且与某一特定色卡对应。调配时，先从带编码的色卡中确认或直接查找所需调配子色的编码，再输入电脑，电脑显示器便显示所需调配子色的配方。然后依据配方中的组成及配比，计算出各母色涂料用量；在准备了带特定编码的各母色涂料后，即可进行调配工作。该调配法多用于汽车面漆修补，一般需要一台电脑、一台电子秤、特定色卡和同种类、带编码的各母色涂料等器材。其操作过程如下：

1)"子色"的确认：若提供的是样板色、实物色或一般的色卡号，首先应在特定的带编码的色卡中目测出与其颜色近似的色卡编码，然后从中找出与色样最近似甚至完全一样的色卡的数码，该数码所代表的颜色就是将要调配的子色。若需调配的是轿车修补漆，有些轿车能在其一定部位查找到面漆的编码。

2)各种"子色"用量计算：将已经确定的编码输入电脑，从显示屏上就可以看出此种编码所代表的子色漆的组成，包括各母色漆的品种及质量比。按其组分和质量比进行计算，得到各母色漆的用量。

3)颜色的调配：同手工调色法一样，在准备好配色器具后，将各母色漆用手工依次混合，搅匀即可。

例如，假若经测定的轿车面漆数码为201B2，将此编码输入到电脑中，电脑显示器便显示出201B2的配方：846为169.5g；522为1.3g；847为65.6g；556为80.7g；325为154.6g。根据以上配方，按比例计算出各母色的用量，用电子秤称出各组分的质量，放入调配容器中，用手工或机械搅拌均匀，色漆的调配即完成了。该法与手工调色法相比，提高了初次调配的准确性和再次调配的重现性，大大减少了反复调配的次数。特别是当样色确认无误，"母色"漆又是采用配方中所指定的编码漆种时，可做到其色差 $\Delta E < 1$NBS。

（3）全自动电脑调色法

全自动电脑调色法由电脑自动测色系统（含分光测色仪）、电脑处理系统（含电脑配色软件）和电脑自动配色系统（含计量、驱动装置）组成。其配色原理与电脑调色法大致相同，但在"子色"的确认、各种"子色"用量计算和添加方面均有所不同，实现了全部自动化。该法需配置全自动电脑调色设备，装载专用的电脑配色软件（一般不同的油漆厂家有各自的配色软件），并准备与电脑配色软件配套的各"子色"漆种。

1）"子色"的确认：全自动电脑调色法的"子色"确认是由电脑自动测色系统自动完成的。对"子色"的确认，只需将测色探头置于样板色表面，有关色样的数据便传输到电脑主机，通过电脑配色软件运行分析，该颜色的组成及配比便显示在电脑显示屏上，即完成了对"子色"的确认。

2）各种"子色"用量计算：根据提示操作，输入需调配的质量等参数，电脑主机系统便自行计算各种"子色"用量，并显示在电脑显示屏上。

3）颜色的调配：根据提示操作，电脑自动配色系统即可自动完成各"子色"的添加混合，再自动搅拌或用手工搅拌即可。此外，为减少颜色的色差，还可将其制成色样板，干燥后，利用该电脑配色软件的校正功能对初次所调配颜色进行校正。根据色差大小，可再次自动补加各"子色"。

该法与手工调色法、电脑调色法相比，排除了人为因素的干扰，实现了调配过程的全自动化。

其调色精度与系统的精度有关，但一般经过一次校正，大都可做到其色差值 $\Delta E < 0.5$NBS。该法在国外已较为成熟，每套设备的售价在 20 万元左右，但在我国尚处于发展阶段，特别是在涂装施工中更不常见。

以上三种调色方法，无论使用哪一种，配色时都必须遵循同类别涂料相配套的基本原则。都要根据色卡来对好颜色，进行调制。

1.1.2 常用涂料颜色调配

涂料虽然有各种各样的颜色，但施工的时候由于设计和装修风格的不同，很多颜色并不能达到使用需求，这时就需要我们自己动手配制。那么涂料怎么调色，有哪些技巧呢？

（1）调色时需小心谨慎，一般先试小样，初步求得应配色涂料的数量，然后根据小样结果再配制大样。先在小容器中将副色和次色分别调好。

（2）先加入主色（在配色中用量大、着色力小的颜色），再将染色力大的深色（或配色）慢慢地间断地加入，并不断搅拌，随时观察颜色的变化。

（3）"由浅入深"，尤其是加入着色力强的颜料时，切忌过量。

（4）在配色时，涂料和干燥后的涂膜颜色会存在细微的差异。各种涂料颜色在湿膜时一般较浅，当涂料干燥后，颜色加深。因此，如果来样是干样板，则配色漆需等干燥后再进行测色比较；如果来样是湿样板，就可以把样品滴一滴在配色漆中，观察两种颜色是否相同。

（5）事先应了解原色在复色漆中的漂浮程度以及漆料的变化情况，特别是氨基涂料和过氯乙烯涂料，需更加注意。

（6）调配复色涂料时，要选择性质相同的涂料相互调配，溶剂系统也应互溶，否则由于涂料的混溶性不好，会影响质量，甚至发生分层、析出或胶化现象，无法使用。

（7）由于颜色常带有各种不同的色头，如果配正绿时，一般采用带绿头的黄与带黄头的蓝；配紫红时，应采用带红头的蓝与带蓝头的红；配橙色时，应采用带黄头的红与带红头的黄。

（8）在调配颜色的过程中，要注意添加的那些辅助材料如催干剂、固化剂、稀释剂等的颜色，以免影响色泽。

（9）在调配灰色、绿色等复色漆时，由于多种颜料的密度、吸油量不同，很可能发生"浮色"、"发花"等现象，这时可酌情加入微量的表面活性剂或流平剂、防浮色剂来解决。如常加入

0.1％的硅油来防治，国外公司生产的各种表面活性剂，需分清用在何种溶剂体系，加入量一般在0.1％～1％。

（10）利用色漆漆膜稍有透明的特点，选用适宜的底色可使面漆的颜色比原涂料的色彩更加鲜明，这是根据自然光反射吸收的原理，底色与原色叠加后产生的一种颜色，涂料工程中称之为"透色"。如黄色底漆可使红色更鲜艳，灰色底漆可使红色更红，正蓝色底漆可使黑色更黑亮，水蓝色底漆可使白色更洁净清白。奶油色、粉红色、象牙色、天蓝色，应采用白色作底漆等。

1.2 常用腻子调配方法

1.2.1 腻子简介

腻子是漆类施工前，对施工面进行预处理的一种表面填充材料，主要目的是填充施工面的孔隙及矫正施工面的曲线偏差，为获得均匀、平滑的漆面打好基础。

腻子分油性腻子与水性腻子，分别用于油漆、乳胶漆施工，我们平常说的腻子都是指"水性腻子"（见图1-2）。

图1-2　水性腻子粉

成品腻子是根据合理的材料配比采用机械化方式生产出来的，避免了传统工艺中现场配比造成的差错以及质量得不到保证的问题。具有绿色环保，无毒无味，不含甲醛、苯、二甲苯以及挥发性有害物质，兑水即用，操作方便等优点。采用天然植物胶作胶粘剂，粘结强度高，抗裂性能好，批完墙面后无任何气味。其质量符合《建筑室内用腻子》JG/T 298—2010 的要求。

1. 腻子粉分类

我们国家的标准将成品腻子分为：一般型腻子（Y型）和耐水型腻子（N型）。一般型腻子（Y型）用于不要求耐水的场所。由双飞粉（即碳酸钙）、淀粉胶、纤维素组成。其中淀粉胶是一种溶于水的胶，遇水溶化，不耐水。耐水型腻子（N型）用于要求耐水、高粘结强度的场所。由双飞粉（即碳酸钙）、灰钙粉、水泥、有机胶粉、保水剂等组成。具有耐水性、耐碱性、粘结强度高等优点。年复一年潮气的吸收，使墙面耐水腻子层被养护得更坚硬，强度更高。

2. 腻子粉配方

内墙耐水腻子：重钙（或滑石粉）70%～80%，灰钙（石灰粉）20%～30%，再加入适量纤维素。

外墙耐水腻子：石粉＋灰钙＋水泥＋纤维素＋胶粉（EVA、PVA）。

干粉腻子配方见表 1-1。

干粉腻子配方　　　　　　　　　　表 1-1

原　　料	型　　号	数量（kg）
白水泥	325	280
重钙	325 目	700
灰钙粉		20
木质纤维素	200 目	1
HPMC	（10W）	2
触变润滑剂	LBCB-1 朗博化学	2
胶粉	瓦克/易来泰/大连化学/三维	不超过 10

3. 注意事项

（1）保存时，注意防水、防潮。贮存期六个月。

（2）施工温度在 0℃ 以上，腻子粉调成膏状后应在 4～5h 内使用，避免时间过长变质。

（3）腻子粉不可与其他腻子在同一施工面使用，以免引起化学反应和色差。

4. 选购

正常墙面建议使用优质耐水型腻子，可以做到一劳永逸，因为腻子层不是面漆层，返工容易，一旦腻子层出现问题，得铲掉，非常麻烦，当初贪图小便宜，后来就要出更多的钱。

其次，购买成品腻子，该腻子应当有良好的包装，包装上应注明产品的执行标准、质量、生产日期、包装运输或存放注意事项、产品的生产厂家质检员出具的产品检验合格证。为了家人的健康，切勿购买需临时调配的非成品腻子。

1.2.2 腻子调配的材料选用

（1）填料能使腻子具有稠度和填平性。一般化学性质稳定的粉质材料都可选用为填料，如大白粉、滑石粉、石膏粉等。

（2）固结料是能把粉质材料结合在一起，并能干燥固结成一定硬度的材料，如蛋清、动植物胶、油漆或油基涂料。

（3）凡能增加腻子附着力和韧性的材料，都可作黏结料，如桐油（光油）、油漆、干性油等。

调配腻子所选用的各类材料各具特性，调配的关键是要使它们相容，如油与水混合要处理好，否则就会产生起孔、起泡、难刮、难磨等缺陷。

（4）操作技能

1）调配腻子时要注意体积比。为了利于打磨，一般要先用水浸透填料，减少填料的吸油量。调配石膏腻子时，宜油、水交替加入，否则干燥后不易打磨。调配好的腻子要保管好，避免干结。

2）常用腻子的调配、性能及用途见表 1-2。

腻子种类	配比(体积比)及调制	性能及用途
石膏腻子	石膏粉：熟桐油：松香水：水＝10∶7∶1∶6 先把熟桐油与松香水进行充分搅拌，加入石膏粉，并加水调和	质地坚韧，嵌、批方便，易于打磨；适用于室内抹灰面、木门窗、木家具、钢门窗等
胶油腻子	石膏粉：老粉：熟桐油：纤维胶＝0.4∶10∶1∶8	润滑性好，干燥后质地坚韧牢固，与抹灰面附着力好，易于打磨；适用于抹灰面上的水性和溶剂型涂料的涂层
水粉腻子	老粉：水：颜料＝1∶1∶适量	着色均匀，干燥快，操作简单；适用于木材面刷清漆
油粉腻子	老粉：熟桐油：松香水(或油漆)：颜料＝14.2∶1∶4.8∶适量	质地牢固，能显露出木材纹理，干燥慢，木材面的眼需填孔着色
虫胶腻子	稀虫胶漆：老粉：颜料＝1∶2∶适量(根据木材颜色配定)	干燥快，质地坚硬，附着力好，易于着色；适用于木器油漆
内墙涂料腻子	石膏粉：滑石粉：内墙漆料＝2∶2∶10	干燥快，易打磨；适用于内墙涂料面层

1.3　大白浆、石灰浆、虫胶漆的调配

1.3.1　大白浆的调配

调配大白浆的胶粘剂一般采用聚醋酸乙烯乳液、羧甲基纤维素胶。

大白浆调配的质量配合比为：老粉：聚醋酸乙烯乳液：纤维素胶：水＝100∶8∶35∶140。

其中，纤维素胶需先进行配制，它的配制质量比为：羧甲基纤维素：聚乙烯醇缩甲醛：水＝1∶5∶(10～15)。

根据以上配比配制的大白浆质量较好。

调配时先将大白粉加水变成糊状，再加入纤维素胶。边加入边搅拌，经充分拌合成为较稠的糊状，再加入聚醋酸乙烯乳液。搅拌后用80目铜丝锣过滤即可。如需加色，可事先将颜料用水浸泡，在过滤前加入大白浆内。选用的颜色必须要有很强的耐碱性，如氧化铁黄、氧化铁红等。若耐碱性较差，则容易产生咬色、变色。当有色大白浆出现颜色不均匀和胶花时，可加入少量的六偏磷酸钠分散剂搅拌均匀。

1.3.2 石灰浆的调配

调配时，先将70%的水放入容器中，再将生石灰块放入，使其在水中消解。其质量配合比为：生石灰块：水＝1：6，待生石灰块充分吸水后才能搅拌（约24h后），为了涂刷均匀，防止刷花，可往浆内加入微量墨汁；为了提高其黏度，可加5%的107胶或2%的聚醋酸乙烯乳液；在较潮湿的环境条件下，生石灰块消解时需加入2%的熟桐油。如抹灰面太干燥，刷后附着力差，或冬天低温刷后易结冰，可在浆内加入0.3%～0.5%的食盐（按石灰浆质量计）。如需加色这与有色大白浆的配制方法相同。

为了便于过滤，在配制石灰浆时，可多加些水，使石灰浆沉淀，使用时倒去上面部分的清水，如太稠，还可加入适量的水稀释搅匀。

1.3.3 虫胶漆的调配

虫胶漆是用虫胶片加酒精调配而成，一般虫胶漆的质量配合比为：虫胶片：酒精＝1：4。也可根据施工工艺的不同确定需要的配合比为：虫胶片：酒精＝1：（3～10）。用于揩涂的可配成：虫胶片：酒精＝1：5；用于理平见光的可配成：虫胶片：酒精＝1：（7～8）。当气温高、干燥时，酒精应适当多加些；当气温低、湿度大时，酒精应少加些，否则涂层会出现泛白。

调配时，先将酒精放入容器（不能用金属容器，一般用陶瓷、塑料等器具），再将虫胶片按比例倒入酒精内，过24h融化即成虫胶漆，也称虫胶清漆。

为保证质量，虫胶漆必须随配随用。

1.4 着色剂的调配

颜料厂必须采用单一颜色的色浆或色精将其调配成各种专用的着色剂。这种着色剂的标准样品，通常称之为水样。如何调配标准水样和制定配方，对配方人员的要求为：

（1）首先要熟悉了解单一色精和单一色浆的颜色特点，以便在调配水样时能正确选择使用。

（2）要会判别参照物中的颜色组成，参照物可以是实物、色板或水样等。

（3）准备工作：将要用的色浆搅拌均匀，分别装在小的容器中，它们的质量要超过配色实际使用的质量，称取质量，根据水样的量选择容器。

（4）配色：在容器中加入水样采用的稀释剂，然后加入色精，要先加入主色，然后加入副色，先调出深浅，再根据色相调整。

比如家具厂在调配实色漆或着色剂时，尽量采用同一厂家或同一系列的涂料或着色剂，所需要调配的一个颜色尽量一次调够，避免分成几次进行配色，否则容易产生色相不一。配色要在稳定的自然光下进行，避免在光线直照射的地方进行。调好的油漆才能配合着色剂使用，给被涂物想要的涂装工艺。

1.4.1 水色简介

刷涂水色的目的是为了改变木材面的颜色，使之符合色泽均匀和美观的要求。因调配用的颜料或染料用水调制，故称水色。它常用于木材面清水工艺与半清水工艺，施涂时作为木材面底层染色剂。

1.4.2 油色简介

油色所选用的颜料一般是氧化铁系列的，耐晒性好，不易褪色。油类常采用铅油或熟桐油，其参考配合比为铅油：熟桐油：松香水：清油：催干剂＝7：1.1：8：1：0.6（质量比）。

1.4.3　水色的调配方法

（1）水色的调配方法之一是以氧化铁颜料（氧化铁黄、氧化铁红等）做原料，将颜料用开水泡开，使之全部溶解，然后加入适量的墨汁，搅拌成所需要的颜色，再加入皮胶水或血料水，经过滤即可使用。配合比大致是：水 60%～70%，皮胶水 10%～20%，氧化铁颜料 10%～20%。氧化铁颜料施涂后物面上会留有粉层，加入皮胶水、血料水的目的是为了增加附着力。

此种水色颜料易沉淀，所以在使用时应经常搅拌，才能使涂色一致。

（2）另一种调配方法是以染料做原料，染料能全部溶解于水，水温越高，越能溶解，所以要用开水浸泡后再在炉子上炖一下。一般使用的是酸性染料和碱性染料，如黄纳粉、酸性橙等，有时为了调整颜色，还可加少许墨汁。

水色的特点是：容易调配，使用方便，干燥迅速，色泽艳丽，透明度高。但在配制中应避免酸、碱两种性质的颜料同时使用，以防颜料产生中和反应，降低颜色的稳定性。

1.4.4　酒色的调配方法

将一些碱性染料或醇溶性染料溶解于酒精或虫胶漆液中，称酒色。酒色一般都使用碱性染料，因为碱性染料在酒精中容易溶解。常用的碱性染料有碱性嫩黄、碱性橙、碱性紫等。酒色的优点是色彩鲜明，渗透性好，不会引起木材的膨胀和产生浮毛等现象。这比用酸性染料配制的水色要好。缺点是容易褪色，也易产生色调浓淡不匀的毛病。干燥较慢，操作比水色困难。传统方法刷涂的酒色，是将染料溶解于虫胶漆中而成。这种酒色不仅成本高，而且比较难刷；如遇潮气，还会产生发白现象。新方法使用的酒色，是将所需用的染料溶解于酒精中即成。这样做不仅成本低，颜色鲜艳，省工、省料、省力，而且还不会因场地有潮气而使表面发白或产生颜色不匀的弊病。刷完后的刷子可用清水洗净。

酒色的配制过程与水色大体相同。一般将染料加在酒精或虫胶漆中即可。虫胶与酒精的比例约为1：5。具体配比如下：

棕黄色：黄纳粉：酸性黑：酒精＝5：3：92；

棕红色：碱性品红：黑纳粉：酒精＝3：2：95；

橙黄色：块子金黄：酒精＝3：97；

橙红色：酸性橙：酒精＝5：95；

紫红色：碱性品红：碱性品绿：酒精＝4：2：94。

1.4.5 油色的调配方法

油色是介于铅油与清漆之间的一种自行调配的着色涂料，色精/色浆涂饰于木材表面后，既能显露木纹，又能使木材底色一致。

油色的调配方法与铅油大致相同，但要细致。将全部用量的清油加2/3用量的松香水调成混合稀释料，再根据颜色组合的主次，将主色铅油秤量好，倒入少量稀释料充分拌合均匀，然后将次色、副色依次逐渐加到主色铅油中调拌均匀，直到配成要求的颜色，然后再把全部混合稀释料加入，搅拌后再将熟桐油、催干剂分别加入并搅拌均匀，用100目铜丝笋过滤，除去杂质，最后将剩下的松香水全部掺入铅油内，充分搅拌均匀，即为油色。油色一般用于中高档木家具，其色泽不及水色鲜明艳丽，且干燥缓慢，但在施工上比水色容易操作，因而适用于木制品件的大面积施工。

第 2 章 建筑装修涂饰工程

2.1 基层处理

将墙面起皮及松动处清除干净，并用水泥砂浆补抹，将残留灰渣铲干净，然后将墙面扫净。

2.1.1 手工清除工具简介

1. 墙面基层处理用工具

包括各种清理面层的刷子：

（1）长毛刷，又称软毛刷，可以用于清理基层的浮灰；

（2）猪鬃刷，用于刷洗混凝土或水泥砂浆面层；

（3）鸡腿刷，可以用于刷长毛刷刷不到的地方，如阴角；

（4）钢丝刷，很坚硬，能够用于清刷基层的浮浆层、酥松层等。

2. 基层修补用工具

包括各种抹子和木制工具：

（1）铁抹子，用于抹底层灰及修理基层；

（2）压抹子，用于水泥砂浆面层的压光和纸筋灰罩面层的施工等；

（3）铁皮，系用弹性较好的钢皮制成，可用于小面积或铁抹子伸不进去的地方抹灰或修理，如用于门窗框的嵌缝等；

（4）塑料抹子，系用聚氯乙烯硬质塑料制成，用于压光某些面层；

（5）木抹子，用于搓平砂浆面层；

（6）阴角抹子，也称阴角抽角器、阴角铁板，主要用于阴角压光；

（7）圆阴角抹子，也称明沟铁板，用于水池阴角以及明沟的压光；

（8）塑料阴角抹子，可用于纸筋白灰等罩面层的阴角压光；

（9）阳角抹子，也称阳角抽角器、阳角铁板等，主要用于阳角压光，做护角线等；

（10）圆阳角抹子，可用于楼梯踏步防滑条的捋光压实；

（11）捋角器，用于捋水泥抱角的素水泥浆；

（12）小压子，俗称抿子，用于某些细部的压光；

（13）大、小压嘴，用于细部抹灰的处理。

2.1.2 嵌、批工具简介

批刮腻子或厚质涂料用工具，主要是刮刀。刮刀也称刮板、刮子等，分弹簧钢片刮刀、橡皮刮刀和塑料刮刀等。弹簧钢片刮刀是用弹性好、刚度大的薄钢片制成，能够承受批刮时所施予的批刮力，且具有一定的弹性，适合于涂膜厚度薄、表面光滑的末道涂料的批刮，例如末道腻子、仿瓷涂料的批刮以及收光等；橡皮刮刀适合于批刮较厚的涂膜，例如头道找平腻子、地坪涂膜等；塑料刮刀适合于批刮黏度较低的涂料，例如某些流平性不好的乳液涂料，滚涂后流平性不好，得不到平滑的涂膜，可以使用塑料刮刀刮涂，能够得到很满意的效果。

2.1.3 涂刷工具简介

一般的涂刷工具有三种：刷子、滚筒、喷枪。与之相对应，常用的涂刷方法有三种：刷涂、滚涂、喷涂。

1. 喷涂

通过喷枪或碟式雾化器，借助于压力或离心力，分散成均匀而微细的雾滴，施涂于被涂物表面的涂装方法。喷涂的缺点：一是用料多、浪费大；二是多种颜色套色喷涂时容易造成相互污染；三是喷涂漆面太薄，一旦磕碰不易修补，而且只能用专业的喷涂设备修补，成本太高。

2. 刷涂

刷涂指人工用毛刷蘸取涂饰色浆涂刷于墙面的操作。同手工揸浆一样，工具简单，具有"看皮做皮"的凭经验操作特点。视皮的不同部位及紧密程度掌握施浆的均匀性。缺点是劳动强度大、工效低。

3. 滚涂

适于大面积施工，效率较高，但装饰性能稍差。选择刷毛长度适当的滚筒不要让涂料堆积在滚筒末端。从靠天花板的边缘开始，按"M"或"W"形状向上滚涂，以减少飞溅。每次带漆后，不要离开墙面，以获得均匀、平行的漆膜。

2.2 基层质量要求

（1）新建筑物的混凝土或抹灰基层在涂饰涂料前应涂刷抗碱封闭底漆。

（2）旧墙面在涂饰涂料前应清除疏松的旧装修层并涂刷界面剂。

（3）混凝土或抹灰基层涂刷溶剂型涂料时含水率不得大于8%；涂刷乳液型涂料时含水率不得大于10%；木材基层的含水率不得大于12%。

（4）基层腻子应平整、坚实、牢固，无粉化、起皮和裂缝；内墙腻子的粘结强度应符合《建筑室内用腻子》JG/T 298—2010 的规定。

（5）厨房、卫生间墙面必须使用耐水腻子。

不同类型的涂料对混凝土或抹灰基层含水率的要求不同，涂刷溶剂型涂料时，参照国际一般做法规定为不大于8%；涂刷乳液型涂料时，基层含水率控制在10%以下装饰质量较好，同时，国内外建筑涂料产品标准对基层含水率的要求均在10%左右，故规定涂刷乳液型涂料时基层含水率不大于10%。

水性涂料涂饰工程施工的环境温度应在5～35℃之间。

涂饰工程应在涂层养护期满后进行质量验收。

2.2.1 处理方法

涂料工程中的常见工程质量问题及防治措施（方法）：

1. 流坠（流挂、流淌）

（1）特征：在挑檐或水平线角的下方，涂料产生流淌使涂膜厚薄不均,形成泪痕,严重的有似帷幕下垂状。

(2)原因:涂料施工黏度过低;涂膜太厚;施工场所温度太低,涂料干燥较慢;在成膜中流动性较大;油刷蘸油太多;喷枪的孔径太大;涂饰面凹凸不平,在凹处积油太多;涂料中含有密度大的颜料,搅拌不匀;溶剂挥发缓慢,周围空气中溶剂蒸发浓度高,湿度大。

(3)防治措施:严格控制涂料的施工黏度(20~30s);提高操作人员的技术水平,控制施涂厚度(20~25μm);加强施工场所的通风,施工环境温度应保持在10℃左右;油刷蘸油应少蘸、勤蘸;调整喷嘴孔径;刷涂时用力刷匀;控制基层的含水率达到规范要求;选用干燥稍快的涂料品种;在施工中,应尽量使基层平整;选择适当的溶剂。

2. 渗色(渗透、调色)

(1)特征:面层涂料把底层涂料软化或溶解,使底层涂料的颜色渗透到面层(咬底),造成色泽不一致的现象。

(2)原因:在底层涂料未充分干透的情况下,涂刷面层涂料;在一般的底层涂料上涂刷强溶剂型的面层涂料;底层涂料中使用了某些有机颜料;木材中含有某些有机染料、木胶等,如不涂封底层涂料,日久或高温下易出现渗色;底层涂料较面层涂料的颜色更深,也易发生这种情况。

(3)防治措施:待底层涂料充分干燥后,再涂刷面层涂料;底层涂料和面层涂料应配套使用;底层涂料中最好选用无机颜料或抗渗色性好的有机颜料;避免沥青、杂酚油等混入涂料;木材中的染料、木胶应尽量清除干净,节疤处应点刷2~3遍漆片清漆,并用漆片进行封底,待干燥后再施涂面层涂料。

3. 咬底

(1)特征:在涂刷面层涂料时,面层涂料把底层涂料的涂膜软化、膨胀、咬起。

(2)原因:底层涂料与面层涂料不配套,在一般的底层涂料上刷涂强溶剂型的面层涂料;底层涂料未完全干燥就涂刷面层涂料；涂刷面层涂料动作不迅速，反复涂刷次数过多。

（3）防治措施：涂刷强溶剂型涂料，应技术熟练，操作准确、迅速，反复次数不宜过多；选择合适的涂料，底层涂料和面层涂料应配套使用；应待底层涂料完全干透后，再涂刷面层涂料；遇到咬底时，应将涂层全部铲除干净，待干燥后再进行一次涂饰施工。

4. 泛白

（1）特征：各种挥发性涂料在施工和干燥过程中，出现涂膜浑浊、光泽减退甚至发白。

（2）原因：在喷涂施工中，由于油水分离器失效，而把水分带进涂料中；快干挥发性涂料不会发白，有时也会出现多孔状和细裂纹；当快干挥发性涂料在低温、高湿度（80％）的条件下施工时，部分水汽凝积在涂膜表面而形成白雾状；凝积在湿涂膜上的水汽，使涂膜中的树脂或高分子聚合物部分析出，而引起涂料的涂膜发白；基层潮湿或工具内带有大量水分。

（3）防治措施：喷涂前，应检查油水分离器，不能漏水；快干挥发性涂料施工中，应选用配套的稀释剂，在涂料中加入适量防潮剂（防白剂）或丁醇类憎水剂；基层应干燥，工具内的水分应清除。

5. 浮色（涂膜发花）

（1）特征：混色涂料在施工中颜料分层离析，造成干膜和湿膜的颜色差异很大。

（2）原因：混色涂料的混合颜料中，各种颜料的比密度差异较大；油刷的毛太粗硬；使用涂料时，未将已沉淀的颜料搅匀。

（3）防治措施：在颜料比密度差异较大的混色涂料的生产和施工中，适量加入甲基硅油；使用比密度大的颜料；最好选用软毛油刷；选择性能优良的涂料，涂刷时经常搅拌均匀。

6. 橘皮

（1）特征：涂膜表面呈现出许多半圆形凸起，形似橘皮状。

（2）原因：喷涂压力太大，喷枪口径太小，涂料黏度过大，喷枪与喷涂面的间距不当；低沸点的溶剂用量太多，挥发迅速，在静止的液态涂膜中产生强烈的静电现象，使涂层出现半圆形凹凸不平的皱纹状，未等流平表面已干燥形成橘皮；施工湿度过高或过低，涂料中混有水分。

（3）防治措施：应熟练掌握喷涂施工技术，调好涂料的施工黏度，选好喷枪口径，调好喷涂的压力和间距；注意稀释剂中高低沸点适当；施工湿度过高或过低都不宜施工；在涂料生产、施工、储存中不应混进水分，一旦混入，应除净后再用；若出现橘皮，应用水砂纸将凸起部分磨平，凹陷部分抹腻子，再涂饰一遍面层涂料。

2.2.2 基层处理工序

刷涂时，头遍横涂走刷要平直，有流坠马上刷开，回刷一次；蘸涂料要少，一刷一蘸，不宜蘸得太多，防止流淌；由上向下一刷紧挨一刷，不得留缝；第一遍干燥后刷第二遍，第二遍一般为竖涂。

滚涂是指利用滚涂辊子进行涂饰，滚涂时先把涂料搅匀调至施工黏度，少量倒入平漆盘中摊开。用辊筒均匀蘸涂料后在墙面或其他被涂物上滚涂。

喷涂是指利用压力将涂料喷涂于物面或墙面上的施工方法。喷涂施工要点如下：

（1）将涂料调至施工所需稠度，装入贮料罐或压力供料筒中，关闭所有开关。

（2）打开空气压缩机进行调节，使其压力达到施工压力。施工喷涂压力一般在 0.4～0.8MPa 范围内。

（3）喷涂作业时，手握喷枪要稳，涂料出口应与被涂面垂直；喷枪移动时应与被涂面保持平行；喷枪运行速度一般为 400～600mm/s。

（4）喷涂时，喷嘴与被涂面的距离一般控制在 400～600mm。

（5）喷枪移动范围不能太大，一般直线喷涂 700～800mm

后下移折返喷涂下一行，一般选择横向或竖向往返喷涂。

（6）喷涂面的上下或左右搭接宽度为喷涂宽度的 $1/2\sim1/3$。

（7）喷涂时应先喷门、窗附近，涂层一般要求两遍成活（横一竖一）。

（8）喷枪喷不到的地方应用油刷、排笔填补。

抹涂是指用钢抹子将涂料抹压到各类物面上的施工方法。具有操作如下：

（1）抹涂底层涂料：用刷涂、滚涂方法先刷一层底层涂料作结合层。

（2）抹涂面层涂料：底层涂料涂饰后 2h 左右，即可用不锈钢抹压工具涂抹面层涂料，涂层厚度为 $2\sim3mm$；抹完后，间隔 1h 左右，用不锈钢抹子拍抹饰面压光，使涂料中的胶粘剂在表面形成一层光亮膜；涂层干燥时间一般为 48h 以上，期间如未干燥，应注意保护。

2.2.3 对基层的检查、清理和修补

滚涂的涂膜应厚薄均匀，平整光滑，不流挂，不露底，表面图案清晰均匀，颜色和谐。

喷涂的涂膜应厚度均匀，颜色一致，平整光滑，不得出现露底、皱纹、流挂、针孔、气泡和失光等现象。

抹涂时饰面涂层表面应平整光滑，色泽一致，无缺损、抹痕。

饰面涂层与基层结合牢固，无空鼓、开裂。阴阳角方正垂直，分格缝整齐顺直。

2.3 外墙面涂装

外墙涂料是用于涂刷建筑外立墙面的，所以最重要的一项指标就是抗紫外线照射，要求达到长时间照射不变色。2013 年以来，节能环保的液态石水性涂料越来越受到人们的关注。部分外墙涂料还要求有抗水性能及自涤性。漆膜要硬而平整，脏污一冲就掉。外墙涂料能用于内墙涂刷是因为它也具有抗水性能；而内

墙涂料却不具备抗晒功能，所以不能把内墙涂料当外墙涂料用。

2.3.1 常用外墙涂料简介

1.薄质类外墙涂料

大部分彩色丙烯酸有光乳胶漆，均系薄质类外墙涂料。它是以有机高分子材料为主要成膜物质，加上不同的颜料、填料和骨料而制成的薄涂料。其特点是耐水、耐酸、耐碱、抗冻融等。

2.厚质类外墙涂料

厚质类外墙涂料是指丙烯酸凹凸乳胶底漆，它是以有机高分子材料苯乙烯、丙烯酸、乳胶液为主要成膜物质，加上不同的颜料、填料和骨料而制成的厚涂料。其特点是耐水、耐碱、耐污染、耐候性好，且施工维修容易。

3.复层花纹类外墙涂料

复层花纹类外墙涂料是以丙烯酸酯乳液和高分子材料为主要成膜物质的有骨料的新型建筑涂料。分为底釉涂料、骨架涂料、面釉涂料三种。其耐候性好；对墙面有很好的渗透作用，结合牢固；使用不受温度限制，0℃以下也可施工；施工方便，可采用多种喷涂工艺；可以按照要求配置成各种颜色。

4.彩砂类外墙涂料

彩砂类外墙涂料是以丙烯酸共聚乳液为胶粘剂，以高温燃结的彩色陶瓷粒或天然带色的石屑作为骨料，外加添加剂等多种助剂配置而成。该涂料无毒，无溶剂污染，快干，不燃，耐强光，不褪色，耐污染性能好。利用骨料的不同组配可以使深层色彩形成不同层次，取得类似天然石材的丰富色彩的质感。彩砂类外墙涂料的品种有单色和复色两种，主要用于各种板材及水泥砂浆抹面的外墙面装饰。

2.3.2 基层的质量要求

（1）腻子基层要牢固

即不开裂、不掉粉、不起砂、不空鼓、无剥离、无石灰爆裂点和无附着力不良的旧涂层等。由于基层是涂膜附着的基础，如果基层不牢固，涂膜就无法扎下牢固的根，从而不会有好的附着力。

（2）腻子基层要平整光洁

即表面平整，立面垂直，阴阳角垂直、方正及无棱角，分格缝深浅一致且横平竖直。

对于外墙面，表面应平而不光。因为平整的基面是涂膜装饰作用的前提条件。但压的太光，既影响涂膜的附着力，又使水泥净浆被压至表面，容易开裂。

基层光洁，即表面无灰尘、无浮浆、无油迹、无锈斑、无霉点、无盐类析出物和无青苔等杂物。

（3）腻子基层要干燥，pH值适宜

一般认为基层含水率不大于10%。根据经验，抹灰基层养护14～21d，混凝土基层养护21～28d。含水率太高，涂膜易起泡，特别是弹性涂料和有光乳胶漆的涂膜，其透气性较低。

另外，一般认为基层的pH值不能大于10，如果pH值过高，涂膜容易出现泛碱等缺陷。

2.3.3 水性涂料涂饰工程的材料要求

水性涂料包括乳液型涂料、无机涂料、水溶性涂料等。材料质量要求：

（1）水性涂料涂饰工程所用涂料的品种、型号和性能应符合设计要求。

（2）民用建筑工程室内用水性涂料，应测定总挥发性有机化合物（TVOC）和游离甲醛的含量，其限量应符合表2-1的规定。

室内用水性涂料中总挥发性有机化合物（TVOC）和游离甲醛限量

表2-1

测定项目	限量	测定项目	限量
TVOC(g/L)	≤200	游离甲醛(g/kg)	≤0.1

（3）民用建筑工程室内用水性胶粘剂，应测定其总挥发性有机化合物（TVOC）和游离甲醛的含量，其限量应符合表2-2的

规定。

室内用水性胶粘剂中总挥发性有机化合物（TVOC）和游离甲醛限量

表 2-2

测定项目	限量	测定项目	限量
TVOC(g/L)	≤50	游离甲醛(g/kg)	≤1

（4）室外带颜色的涂料，应采用耐碱和耐光的颜料。

2.3.4 薄质涂料的施工

1. 基层处理

首先清除基层表面的尘土和其他粘附物。较大的凹陷应用聚合物水泥砂浆抹平，并待其干燥。较小的孔洞、裂缝用水泥乳胶腻子修补。墙面泛碱起霜时用硫酸锌溶液或稀盐酸溶液刷洗，油污用洗涤剂清洗，最后再用清水洗净。

对基层原有涂层应视不同情况区别对待：疏松、起壳、脆裂的旧涂层应将其铲除；粘附牢固的旧涂层用砂纸打毛；不耐水的涂层应全部铲除。

2. 刷底胶（木质及油漆面除外）

如果墙面较疏松，吸收性强，可以在清理完毕的基层上用辊筒均匀地涂刷 1～2 遍胶水打底（丙烯酸乳液或水溶性建筑胶水加 3～5 倍水稀释即成），不可漏涂，也不能涂刷过多造成流淌或堆积。

3. 局部补腻子

基层打底干燥后，用腻子找补不平之处，干燥后刮平。成品腻子使用前应搅匀，腻子偏稠时可酌量加清水调节。

4. 满刮腻子

将腻子置于托板上，用抹子或橡皮刮板进行刮涂，先上后下。根据基层情况和装饰要求刮涂 2～3 遍腻子，每遍腻子不可过厚。腻子干燥后应及时用砂纸打磨，不得磨出波浪形，也不能留下磨痕，打磨完毕后扫去浮灰。

5. 刷底涂料

将底涂料搅拌均匀，如涂料较稠，可按产品说明书的要求进行稀释。用滚筒刷或排笔刷均匀涂刷一遍，注意不要漏刷，也不要刷得过厚。底涂料干燥后如有必要可局部复补腻子，腻子干燥后用砂纸打磨平。

6. 刷面涂料

将面涂料按产品说明书要求的比例进行稀释并搅拌均匀。墙面需分色时，先用粉线包或墨斗弹出分色线，涂刷时在交色部位留出 1～2cm 宽的余地。一人先用滚筒刷蘸涂料均匀涂布，另一人随即用排笔刷展平涂痕和溅沫。应防止透底和流坠。每个涂刷面均应从边缘开始向另一侧涂刷，并应一次完成，以免出现接痕。第一遍干透后，再涂刷第二遍涂料。一般涂刷 2～3 遍涂料，视不同情况而定。

2.3.5 复层涂料的施工

1. 基层处理

首先清除基层表面的尘土和其他粘附物。将凸起部分敲掉或打磨平整，空鼓部分应敲掉后重新抹面并待其干燥。接缝错位部分和较大的凹陷应用聚合物水泥砂浆抹平；清除妨碍喷涂的钢筋、木片等，用砂浆填补孔洞；用铲刀、钢丝刷将表面浮浆及疏松、粉化部分除去，用水泥腻子补平；清除表面的隔离剂、油污；用乳胶水泥腻子修补表面的麻面、孔洞、裂缝。墙面泛碱起霜时用硫酸锌溶液或稀盐酸溶液刷洗，油污用洗涤剂清洗，最后再用清水洗净。木质基层应将木毛砂平。

对基层原有涂层应视不同情况区别对待：疏松、起壳、脆裂的旧涂层应将其铲除；粘附牢固的旧涂层用砂纸打毛；不耐水的涂层应全部铲除。

2. 刷底涂料

将底涂料搅拌均匀，如涂料较稠，可按产品说明书上的要求进行稀释。用滚筒刷或排笔刷均匀涂刷一遍，注意不要漏刷，也不要刷得过厚。

3. 喷涂主涂料

将主涂料搅拌均匀后装入专用喷枪，开动空压机，使喷涂压力控制在 0.4～0.7MPa（4～7kg/cm²），开启喷枪，自上而下均匀喷涂一遍，喷枪与墙面的距离约为 30～40cm，喷涂中应使喷枪与墙面保持垂直。根据不同花型选用不同的喷枪口径，大花 10mm 喷嘴、中花 6～8mm 喷嘴、小花点状 4mm 喷嘴。

如果采用滚涂方法施工，应按设计的花型选用适宜的花纹辊筒，通过调整辊压力度和辊压速度来满足花型的要求。

4. 花型辊压

主涂料的凸点基本不沾手时（通常是喷涂后 10～30min 内），用橡胶滚筒蘸水或塑料滚筒蘸稀释剂后将凸部轻轻压平，形成浮雕的涂层。也可以根据装饰要求不予辊压，直接进入下一道工序。

5. 刷面涂料

刷面涂料必须待主涂层完全干燥后进行，通常在 1～2d 之后。将面涂料按产品说明书要求的比例进行稀释并搅拌均匀。用滚筒刷蘸上涂料，在匀料板上分布均匀，然后滚涂在主涂层上，通常需涂刷两遍，每遍间隔时间不少于 4h。

6. 面层套色

如果设计上有套色要求，待面涂料干燥后，用毛刷或短毛滚筒刷蘸取另一色的涂料均匀涂刷在涂层的凸面上，注意不要使涂料漏到主涂层的凹部，以免影响整体装饰效果。

2.3.6 基层封闭涂料简介

复层涂料中第一层所用的基层封闭涂料大致分为合成树脂乳液系及合成树脂溶液系两大类。前者如乙烯-乙酸乙烯乳液、乙酸乙烯-丙烯酸乳液、丙烯酸-苯乙烯乳液等；后者如丙烯酸酯系、氯化橡胶系等单组分树脂溶液，也可以是环氧树脂系、聚氨酯系等双组分树脂溶液。

上述树脂乳液或溶液均可配成不加颜料的透明型及加入着色颜料和体质颜料的着色型基层封闭涂料，一般情况下使用透明型基层封闭涂料较多，但着色型基层封闭涂料可避免漏涂，且可增强面涂的遮盖力。

如果基层碱性较强，必须使用具有一定防碱作用的抗碱性封闭涂料，可起到防止基层向外析碱析盐的作用。

2.3.7 胶粘剂及石粒简介

胶粘剂实际是使相同或不同物料连接或贴合的各种应力材料的总称。主要有液态、膏状和固态三种类型。

石粒：又称石渣。用白色的白云岩、大理岩或特定颜色的其他岩石破碎而成的粒径 3～20mm 的碎石，用作水磨石的填料。

2.3.8 彩砂涂料施工常用机具

空压机、喷枪、小铲刀、砂纸、吊篮（外饰面采用吊篮施工）。

2.4 外墙面涂装施工要求

2.4.1 外墙面的处理要求

涂饰工程的基层处理应符合下列要求：

（1）新建筑物的混凝土或抹灰基层在涂饰涂料前应涂刷抗碱封闭底漆。

（2）旧墙面在涂饰涂料前应清除疏松的旧装修层，并涂刷界面剂。

（3）涂刷乳液型涂料时，含水率不得大于 10%。木材基层的含水率不得大于 12%。

（4）基层腻子应平整、坚实、牢固，无粉化、起皮和裂缝；内墙腻子的粘结强度应符合《建筑室内用腻子》JG/T 298—2010 的规定。

（5）厨房、卫生间墙面必须使用耐水腻子。

2.4.2 水性涂料涂饰工程

（1）要做到颜色均匀、分色整齐、不漏刷、不透底，每个房间要先刷顶棚后，自上而下一次做完。浆膜干燥前，应防止尘土沾污，完成后的产品，应加以保护，不得损坏。

（2）现场配制的涂饰涂料，应经试验确定，必须保证浆膜不脱落、不掉粉。

（3）湿度较大的房间刷浆，应采用具有防潮性能的腻子和涂料。

（4）机械喷浆可不受喷涂遍数的限制，以达到质量要求为准。门窗、玻璃等不刷浆的部位应遮盖，以防沾污。

（5）室外涂饰，同一墙面应用相同的材料和配合比。涂料在施工时，应经常搅拌，每遍涂层不应过厚，涂刷均匀。若分段施工时，其施工缝应留在分格缝、墙的阴阳角处或水落管后。

（6）顶棚与墙面分色处，应弹浅色分色线。用排笔刷浆时要笔路长短齐，均匀一致，干后不许有明显接头痕迹。

（7）室内涂饰，一面墙每遍必须一次完成，涂饰上部时，溅到下部的浆点要用铲刀及时铲除掉，以免妨碍平整美观。

2.4.3 外墙彩色喷涂施工

1. 材料要求

根据设计要求、基层情况、施工环境和季节，选择、购买建筑涂料及其他配套材料。

2. 主要机具

高层建筑涂料施工宜采用电动吊篮，多层建筑涂料施工宜采用桥式架子，室内则根据层高的具体情况，准备操作架子，其他工具则应根据确定的施工方法配套准备，综合起来其主要机具有：

（1）刷涂工具：排笔、棕刷、料桶等；

（2）喷涂机具：空气压缩机（最高气压 10MPa，排气室 0.6m^3）、高压无气喷涂机（含配套设备）；

（3）喷斗、喷枪、高压胶管等；

（4）滚涂工具：长毛绒辊、压花辊、印花辊、硬质塑料或橡胶辊；

（5）弹涂工具：手动或电动弹涂器及配套设备；

（6）抹涂工具：不锈钢抹子、塑料抹子、托灰板等；

（7）手持式电动搅拌器等。

3. 工艺流程

原则是先上后下、先顶棚后墙面。

基层处理→分分格缝→施涂封底涂料→喷、滚、弹主涂层→喷、滚、弹面层涂料→涂料修整。

（1）基层处理：将混凝土或水泥混合砂浆抹灰面表面上的灰尘、污垢、溅沫和砂浆流痕等清除干净。同时将基层缺棱掉角处用1∶3水泥砂浆修补好；表面麻面及缝隙应用聚醋酸乙烯乳液∶水泥∶水＝1∶5∶1调合成的腻子填补齐平，并用同样配合比的腻子进行局部刮腻子，待腻子干燥后，用砂纸磨平。

（2）分分格缝：首先根据设计要求进行吊垂直、套方、找规矩、弹分格缝。此项工作必须严格按标高控制好，必须保证建筑物四周要交圈，还要考虑外墙涂料工程分段进行时，应以分格缝、墙的阴角处或水落管等为分界线和施工缝，垂直分格缝必须进行吊直，千万不能用尺量，否则差3mm亦会很明显，缝格必须平直、光滑、粗细一致等。

（3）具体操作工艺要求是：

刷涂：涂刷方向、距离应一致，接槎应留在分格缝处。如所用涂料干燥较快时，应缩短刷距。刷涂一般不少于两道，应在前一道涂料表干后再刷下一道。两道涂料的间隔时间一般为2～4h。

喷涂：喷涂施工应根据所用涂料的品种、黏度、稠度、最大粒径等，确定喷涂机具的种类、喷嘴口径、喷涂压力、与基层之间的距离等。一般要求喷枪运行时，喷嘴中心线必须与墙面垂直，喷枪与墙面有规则地平行移动，运行速度应保持一致。涂层的接槎应留在分格缝处。门窗以及不喷涂料的部位，应认真进行遮挡。喷涂操作一般应连续进行，一次成活。

滚涂：滚涂操作应根据涂料的品种、要求的花饰确定辊子的种类。操作时在辊子上蘸少量涂料后，在预涂墙面上上下垂直来回滚动，应避免扭曲蛇行。

弹涂：先在基层上刷涂 1~2 道底色涂层，待其干燥后进行弹涂。弹涂时，弹涂器的机口应垂直对正墙面，距离保持 30~50cm，按一定速度自上而下、由左向右弹涂。选用压花型弹涂时，应适时将彩点压平。

复层涂料：是由底层涂料、主涂层、面层涂料组成的涂层。底层涂料可采用喷、滚、刷涂的任一方法施工。主涂层用喷斗喷涂，喷涂花点的大小、疏密根据需要确定。花点如需压平时，则应在喷点后适时用塑料或橡胶辊蘸汽油或二甲苯压平。主涂层干燥后，即可涂饰面层涂料。面层涂料一般涂两道，其时间间隔为 2h 左右。

复层涂料的三个涂层可以采用同一材质的涂料，也可由不同材质的涂料组成。例如，主涂层除可用合成树脂乳液涂料、硅溶胶涂料外，也可采用取材方便、价格低廉的聚合物水泥砂浆喷涂。面层涂料也可根据对光泽度的不同要求，分别选用水性涂料或溶剂型涂料。有时还可以根据需要增加一道罩光涂料。

修整：涂料修整工作很重要，其修整的主要形式有两种，一种是随施工随修整，它贯穿于班前班后和每完成一分格块或一步架子；另一种是整个分部、分项工程完成后，应组织进行全面检查，如发现有"漏涂"、"透底"、"流坠"等弊病，应立即修整和处理。

2.4.4 彩砂涂料施工

1. 施工前的基层检查（按国家优良工程标准规范检查）

（1）检查基层是否开裂、空鼓、起壳、烧浆起粉、缺棱掉角、凹凸不平。脚手架支撑点、连接铁线处应妥善移位。

（2）用标准靠尺、水平尺和吊线检查基层平整度、垂直度及线条的横平竖直。

如有上述问题，应由原施工单位按规范要求进行整改和修补，然后按规定进行养护，补平修整使整体墙面品质一致，以免涂刷不一致产生色差、光影。

2. 涂刷前对抹灰基层的处理

（1）清理基层：用清洗液或有机溶剂清洁表面油渍、污垢，用灰刀清除浮砂和灰渣，并用扫刷将墙壁面清理干净。

（2）检查修补基层：用1∶3水泥砂浆或腻子将基层表面凹坑及掉角等细小缺陷补好，使基层平整。

（3）清除第一遍处理余留的浮砂后，用外墙抗裂防渗腻子再刮一遍，使墙面更加平整、光滑。

（4）用砂纸或手磨机打磨墙面，磨平批刮腻子留下的刀痕、接口。

（5）用刷子清扫墙面，使墙面无浮尘、浮砂，用胶带贴好分格条及不需涂刷的地带，如门、窗框，以免涂料污染其他建筑成品。

3. 涂料涂刷的施工准备

（1）为了保证外墙涂料色泽一致，涂料备料应按设计和合同选定的色号、颜色、工艺要求，结合施工面积、材料损耗准确计算用料，施工单位应根据损耗及时自检，控制用料。

（2）为了保证涂料工程质量，提高涂料与基层、涂层与涂层间的粘结力，底层涂料与面层涂料必须配套，对同一品种、同一色号但不同生产批号的面层涂料，在施工中应尽量避免在同一分割面中使用。

（3）根据涂料工程施工工艺不同，应配备常用施工工具及特殊要求所需工具。为确保涂料工程的品质，施工操作人员必须掌握外墙涂料的品质特性和具体操作技能，做好施工技术交底和所用涂料配制比例等技能要求交底。

4. 涂料施工及规范要求

（1）将全能抗碱封闭底漆均匀涂刷在墙面（先边角、后大面），底漆可根据墙面干湿度加入5％～15％的清水稀释。此遍底漆能有效地渗透进和封住新的混凝土墙面和拉毛水泥墙面，增加基层与涂料的粘结力和抗裂性能。

（2）待底漆干燥后，用细号砂纸把底漆上的浮尘、砂子清除干净后，涂刷第一遍面漆，第一遍面漆干燥后涂刷第二遍面漆。

（3）涂料施工沿建筑物自上而下进行，可避免涂刷时可能发生的涂料液滴污染下面（下层）已涂刷的墙面。一般情况下，对于每个立面而言自左向右涂刷，滚刷用力均匀，依辊筒辊毛侧倒方向进行从下往上的单方向收辊，使涂料表面纹理一致。

（4）为确保外墙面漆粘结牢固，防止涂层起皱脱壳，必须强调前一遍全干透后再滚刷后一遍。

（5）涂刷时，环境温度应在 5℃ 以上，墙体湿度不大于 10%，空气湿度不大于 75%，涂层在成膜前不能受潮，不能沾污，所以下雨及下雨前后和大风天气不宜施工，如遇涂料施工中反常情况严禁继续施工并对成品采取覆盖保护等措施。

2.4.5 丙烯酸有光凹凸乳胶漆施工

喷涂凹凸乳胶底漆：喷枪口径采用 6～8mm，喷涂压力 0.4～0.8MPa。先调整好黏度和压力后，由一人手持喷枪与饰面成 90°角进行喷涂。其行走路线可根据施工需要上下或左右进行。花纹与斑点的大小以及涂层厚薄，可通过调节压力和喷枪口径大小进行调整。一般底漆用量为 0.8～1.0kg/m^2。

喷涂后，一般在（25±1）℃，相对湿度（65±5）%的条件下停 5min 后，再由一人用蘸水的铁抹子轻轻抹、压涂层表面，始终按上下方向操作，使涂层呈现立体感图案，且花纹应均匀一致，不得有空鼓、起皮、漏喷、脱落、裂缝及流坠现象。

喷涂各色丙烯酸有光乳胶漆：喷涂底漆后，相隔 8h［（25±1）℃，相对湿度（65±5）%］，即用 1 号喷枪喷涂丙烯酸有光乳胶漆。喷涂压力控制在 0.3～0.5MPa 之间，喷枪与饰面成 90°角，与饰面距离 40～50cm 为宜。喷出的涂料要成浓雾状，涂层要均匀，不宜过厚，不得漏喷。一般可喷涂两道，面漆用量为 0.3kg/m^2。

喷涂时，一定要注意用遮挡板将门窗等易被污染部位挡好。如已污染应及时清除干净。雨天及风力较大的天气不要施工。

须注意每道涂料都需搅拌均匀后方可施工，厚涂料过稠时，可适当加水稀释。

双色型的凹凸复层涂料施工，其一般做法为第一道封底涂料，第二道带彩色的面涂料，第三道厚涂料，第四道罩光涂料。具体操作时，应依照各厂家的产品说明。一般情况下，丙烯酸凹凸乳胶漆厚涂料喷涂数分钟后，可采用专用塑料辊蘸煤油滚压，注意掌握压力的均匀，以保持涂层厚度一致。

施工注意事项：

大多数涂料的贮存期为 6 个月，购买时和使用前应检查出厂日期，过期者不得使用。

基层墙面如为混凝土、水泥砂浆面，应养护 7～10d 后方可进行涂料施工，冬季需养护 20d。

涂料施工温度必须在 5℃ 以上，涂料贮存温度必须在 0℃ 以上，夏季要避免日光照射，存放于干燥通风之处。

2.4.6 外墙干粉涂料施工

1. 施工条件

（1）外墙干粉涂料施工应在基层墙体工程验收合格后进行。

（2）外墙干粉涂料施工前，外墙门窗框必须安装完毕并验收合格。

（3）施工现场应做到通电、通水并保持环境的清洁。

（4）环境温度和基层墙体表面温度均不低于 0℃；风力不大于 5 级。最适宜的施工温度为 15～35℃。

（5）夏季高温时，不宜在强光直射下施工。雨天不得施工。

（6）外墙干粉涂料施工宜采用人工脚手架，墙体不应预留孔洞及其他有碍于施工的杂物。

2. 施工方法

（1）保温墙面—布—浆保护层施工完成后，24～48h 内做干粉涂料。

（2）水泥砂浆墙面施工 3d 后做干粉涂料；同时要求水泥砂浆抹面不开裂。

（3）基面若干燥应洒适量水润湿。

（4）干粉涂料配比：干粉涂料∶水＝100∶20（质量比）。

（5）调配干粉涂料须由专人负责。

（6）干粉涂料加水量应严格按要求执行，不许多加水，以避免造成色差。配料后要求 1h 内用完。

（7）水为生活饮用水。

（8）将水称量后全部加入配料桶内，倒入约 3/4 干粉涂料，用手提式搅拌器（小于 380r/min）充分搅拌均匀后，再倒入余下的干粉涂料，搅拌均匀，放置 10～15min 后，再重新搅拌均匀，约 1min 后即可使用。

（9）施工干粉涂料要求平整，拉毛点均匀分布，每分格框从左到右一次配料连续抹面拉毛；拉毛沿同一方向，拉毛用有机玻璃抹子。窗框周边应使用专用干粉涂料。

（10）干粉涂料施工应做分格线，防止接缝抹痕影响装饰效果，分格线做法：

1）在水泥砂浆基面上弹墨线，用无齿锯打出分格槽，槽宽为 20mm，深为 15～20mm，或抹水泥砂浆墙面时直接做分格缝。

2）保温基面 EPS 板粘贴后用开槽器在 EPS 板上做出分格槽。

3）在水泥砂浆基面或保温基面施工后，按图弹线，用自粘带粘贴，抹干粉涂料，拉毛后将自粘带拆掉，干粉涂料干燥后，沿干粉涂料边缘在其上贴自粘带抹干粉涂料，拉毛后将自粘带拆掉，进行接缝处理。

3. 施工注意事项

（1）干粉涂料施工后 24h 内不许淋雨。如下雨，应采取保护措施。

（2）干粉涂料用量：小于 $3.0kg/m^2$。

（3）贮存：干粉涂料为水泥质材料，贮存要求干燥、通风，防止淋雨、淋水。如材料受潮结块，必须彻底分散才能使用。贮存期为三个月。

2.4.7 中（高）档平（有）光外墙涂料施工

1. 基面处理

基面达到《建筑装饰装修工程质量验收规范》GB 50210—2001 的规定。

对原有建筑进行涂料涂刷时，对外饰面进行粘结强度测试，粘结强度≥1.0MPa。基面如果出现空鼓、脱层等现象，应将原有外墙饰面层清除，露出基层墙体重新抹灰，若被油污或浮灰污染需清除，满涂界面剂。

基层含水率＜10％，pH 值＜10。

2. 施工条件

（1）外墙涂料施工应在基层墙体工程验收合格后进行。

（2）外墙涂料施工前，外墙门窗框必须安装完毕并验收合格。

（3）施工现场应做到通电、通水并保持工作环境的清洁。

（4）环境温度和基层墙体表面温度均不低于 0℃；风力不大于 5 级。最适宜的施工温度为 15～35℃。

（5）夏季高温时，不宜在强光直射下施工。雨天不得施工。

（6）外墙涂料施工宜采用人工脚手架，墙体不应预留孔洞及其他有碍于施工的杂物。

3. 施工方法

（1）对基面进行全面检查，如有抹刀痕迹、粗糙的拐角和边沿、露网等现象，应进行修补；若墙面不平，应刮补找平腻子。

（2）待腻子干透后方可施工。

（3）施工方法：滚涂、刷涂、喷涂均可。

（4）施工时所使用的工具要保持清洁干燥，施工完毕要及时清洗干净，浸入水中，以待第二天再用。

（5）涂料使用前，用电动手提搅拌器适度搅拌至稳定均匀状态，不能过度搅拌。

（6）利用墙面拐角、变形缝、分格缝、水落管背后或独立装饰线进行分区，一个分区内的墙面或一个独立墙体一次施涂完毕。

（7）同一墙面应用同一批号的涂料，每遍涂料不宜施涂过厚，涂层应均匀，颜色一致。

（8）施工通常两遍成活，第一遍加水 10％～15％，第二遍加水 5％～10％。两遍主料间隔时间大于 4h。如有露底，须在 2h 内修补。

（9）水为生活饮用水。

（10）根据墙面湿度、空气温度、主料稠稀度以及风速可适度调整加水量。

（11）应使用相同涂刷工具，涂抹的纹路要左右前后相同，颜色一致，施工涂层的墙面应有防雨、防污染措施。

（12）一种颜色的涂料用一套涂刷工具，界面变动要横平竖直，不要将两种主料穿插在一起。

（13）主料用量：平光 0.3～0.4kg/m²；有光：0.25～0.30kg/m²。

（14）雨后施工要检查基层含水率，含水率应小于 10％，检验方法：将一块正方形的塑料布用胶带沿塑料布四周粘贴在墙面上，阳光照射 1h 左右，观察塑料布上是否有水珠出现，若无水珠出现，可以施工，否则不能进行施工。

2.4.8 水性纯丙弹性外墙涂料施工工艺

1. 基面处理

基面达到《建筑装饰装修工程质量验收规范》GB 50210—2001 的规定。

对原有建筑进行涂料涂刷时，对外饰面进行粘结强度测试，粘结强度≥1.0MPa。基面如果出现空鼓、脱层等现象，应将原有外墙饰面层清除，露出基层墙体重新抹灰，若被油污或浮灰污染需清除，满涂界面剂。

基层含水率＜10％，pH 值＜9.5。

2. 施工条件

（1）外墙涂料施工应在基层墙体工程验收合格后进行。

（2）外墙涂料施工前，外墙门窗框必须安装完毕并验收合格。

（3）施工现场应做到通电、通水并保持工作环境的清洁。

（4）环境温度和基层墙体表面温度均不低于 0℃；风力不大于 5 级。最适宜施工温度为 15～35℃。

（5）夏季高温时，不宜在强光直射下施工。雨天不得施工。

（6）外墙涂料施工宜采用人工脚手架，墙体不应预留孔洞及其他有碍于施工的杂物。

3. 施工方法

（1）对基面进行全面检查，如有抹刀痕迹、粗糙的拐角和边沿、露网等现象，应进行修补；若墙面不平，应刮补找平腻子。

（2）待腻子干透后方可施工。

（3）施工方法：滚涂、刷涂、喷涂均可。

（4）施工时所使用的工具要保持清洁干燥，施工完毕要及时清洗干净，浸入水中，以待第二天再用。

（5）涂料使用前，用电动手提搅拌器适度搅拌至稳定均匀状态，不能过度搅拌。

（6）利用墙面拐角、变形缝、分格缝、水落管背后或独立装饰线进行分区，一个分区内的墙面或一个独立墙体一次施涂完毕。

（7）同一墙面应用同一批号的涂料，每遍涂料不宜施涂过厚，涂层应均匀，颜色一致。

（8）主料施工前将基面全部涂刷一道 KL-Td-1 无色底涂。用量为 0.1～0.15kg/m^2。

（9）主料需两遍成活：涂刷第一遍主料时需加 5％～10％的水稀释，涂刷第二遍主料时不用稀释。两遍主料间隔时间大于 24h。如有露底，须在 2h 内修补。用量为 0.3～0.4kg/m^2。

（10）KL-Tws-6 主料施工完成后，放置 24h 后，喷涂一道 KL-Tm-1 罩面漆。用量为 0.1～0.15kg/m^2。

（11）水为生活饮用水。

（12）根据墙面湿度、空气温度、主料稠稀度以及风速可适度调整加水量。

（13）应使用相同的涂刷工具，涂抹的纹路要左右前后相同，颜色一致，施工涂层墙面应有防雨、防污染措施。

（14）一种颜色的涂料用一套涂刷工具，界面变动要横平竖直，不要将两种主料穿插在一起。

（15）雨后施工要检查基层含水率，含水率应小于10%，检验方法：将一块正方形的塑料布用胶带沿塑料布四周粘贴在墙面上，阳光照射1h左右，观察塑料布上是否有水珠出现，若无水珠出现，可以施工，否则不能进行施工。

2.4.9 喷塑涂料施工

1. 工艺流程

基层处理→刷底漆→刮腻子→打磨→刷第一遍乳胶漆→刷第二遍乳胶漆→刷第三遍乳胶漆。

2. 操作工艺

（1）基层处理：将墙面起皮及松动处清除干净，并用水泥砂浆补抹，将残留灰渣铲干净，然后将墙面扫净。

（2）用石膏将墙面磕碰处及坑洼缝隙等处找平，干燥后用砂纸将凸出处磨掉，将浮尘扫净。

（3）刷底漆：将抗碱封闭底漆用刷子顺序刷涂不得遗漏，旧墙面在涂饰涂料前应清除疏松的旧装饰层。

（4）刮腻子、打磨：刮腻子遍数可由墙面平整程度决定，一般情况为三遍。第一遍用胶皮刮板横向满刮，一刮板紧接着一刮板，接头不得留槎，每刮一刮板最后收头要干净利落。干燥后用砂纸打磨，将浮腻子及斑迹磨光，再将墙面清扫干净。第二遍找补阴阳角及坑凹处，令阴阳角顺直，用胶皮刮板横向满刮，所用材料及方法同第一遍腻子，干燥后用砂纸磨平并清扫干净。第三遍用胶皮刮板找补腻子或用钢片刮板满刮腻子，将墙面刮平刮光，干燥后用细砂纸磨平磨光，不得遗漏或将腻子磨穿。

（5）刷第一遍乳胶漆：涂刷顺序是先刷顶板后刷墙面，墙面是先上后下。先将墙面清理干净，用布将墙面粉尘擦掉。乳胶漆用排笔涂刷，使用新排笔时，将排笔上的浮毛和不牢固的毛处理掉。乳胶漆使用前应搅拌均匀，适当加稀释剂稀释，防止头遍漆刷不开。干燥后复补腻子，再干燥后用砂纸磨平磨光，清扫干净。

（6）刷第二遍乳胶漆：操作要求同第一遍，使用前充分搅拌，如不是很稠，不宜加稀释剂，以防透底。漆膜干燥后，用细砂纸将墙面小疙瘩和排笔毛打磨掉，磨光滑后清扫干净。

（7）刷第三遍乳胶漆：做法同第二遍乳胶漆。由于乳胶漆膜干燥较快，应连续迅速操作，涂刷时从一头开始，逐渐刷向另一头，要上下互相衔接，后一排笔紧接前一排笔，避免出现干燥后接头。

2.4.10 外墙饰面涂料施工

外墙饰面涂料施工应根据涂料种类、基层材质、施工方法、表面花饰以及涂料的配比与搭配等来安排恰当的工序，以保证质量合格。混凝土表面、抹灰表面基层处理：

（1）新建筑物的混凝土表面或抹灰表面基层在涂饰涂料前需涂刷抗碱封闭底漆。

（2）旧墙面在涂饰涂料前应清除疏松的旧装修层，并涂刷界面剂。

（3）施涂前应对基体或基层的缺棱掉角处进行修补，表面麻面及缝隙应用腻子补齐填平。

（4）基层表面上的灰尘、污垢、溅沫和砂浆流痕应清除干净。

（5）表面清扫干净后，最好用清水冲刷一遍，有油污处用碱水或肥皂水擦净。

（6）混凝土及抹灰外墙表面薄涂料的施工工序，见表2-3。

混凝土及抹灰外墙表面薄涂料的施工工序　　　　表 2-3

工序名称	乳液薄涂料	溶剂薄涂料	无机薄涂料
基层修补	＋	＋	＋
清扫	＋	＋	＋
填补缝隙、局部刮腻子	＋	＋	＋
磨平	＋	＋	＋
第一遍薄涂料	＋	＋	＋
第二遍薄涂料	＋	＋	＋

（7）混凝土及抹灰外墙表面厚涂料的施工工序，见表2-4。

混凝土及抹灰外墙表面厚涂料的施工工序　　　表 2-4

工序名称	合成树脂乳液厚涂料	无机厚涂料
基层修补	+	+
清扫	+	+
填补缝隙、局部刮腻子	+	+
磨平	+	+
第一遍厚涂料	+	+
第二遍厚涂料	+	+

（8）混凝土及抹灰外墙表面复层涂料施工工序，见表2-5。

混凝土及抹灰外墙表面复层涂料施工工序　　表 2-5

工序名称	合成树脂胶乳液复层涂料	硅溶胶类复层涂料	水泥系复层涂料	反应固化型复层涂料
基层修补	+	+	+	+
清扫	+	+	+	+
填补缝隙、局部刮腻子	+	+	+	+
磨光	+	+	+	+
施涂封底涂料	+	+	+	+
施涂主层涂料	+	+	+	+
滚压	+	+	+	+
第一遍罩面涂料	+	+	+	+
第二遍罩面涂料	+	+	+	+

2.4.11 聚氨酯仿瓷涂料施工

仿瓷涂料是一种装饰效果酷似瓷釉饰面的建筑涂料，其特点是占据涂料市场优势，仿瓷涂料的施工方法有许多的讲究，而且不同的涂料施工方法是不一样的。

1. 聚氨酯仿瓷涂料的施工方法

（1）基层应平整，无灰尘、油污，表面干燥。

（2）涂布底层涂料，第一道先涂布稀释的涂料，干燥后再涂2遍，干燥时间为 2～24h。然后用底层涂料调制的腻子刮 1～3遍，间隔时间为 24～48h，干硬后用 1 号砂布打磨。

（3）涂面层涂料 2～3 遍，干燥后保养 3d。

（4）要严格按规定施工顺序施工，不能与其他涂料混用；施工过程中必须防水、防潮；施工现场应通风、防火。

2. 硅丙树脂仿瓷涂料的施工方法

（1）基层应平整、干燥、洁净、无灰尘，含水率小于 9%。

（2）用滚涂、刷涂、喷涂方法均可施工，涂布 2 遍，间隔时间约 2～4h。

（3）涂料用量约为 $0.4～0.6kg/m^2$。

（4）施工现场禁止烟火，并有防火措施。

3. 水溶型聚乙烯醇仿瓷涂料的施工方法

（1）按一般的基层处理方法将基层处理干净。

（2）用 0.3mm 厚的弹性刮板刮涂，待第一遍涂膜彻底干燥后再刮涂第二遍，等第二遍涂膜干到不粘手但还未完全干透时用抹子压光，压光时可用抹子粘原涂料的基料，多次用力压光。

（3）涂膜完全干燥后，边角不整齐处用细砂纸打磨光，装饰面要有光泽，手感平滑，与瓷砖表面类似。

（4）此种涂料施工难度大，如果不涂罩面涂料，饰面易污染，而且不易除去。

仿瓷腻子是一种非常光滑的、有着瓷砖一样效果的涂料，由聚乙烯醇胶、生石灰水、轻质碳酸钙、滑石粉、羧甲基纤维素液等组成，早先常用于家装，现在已经很少用了，取而代之的是乳胶漆。

2.5 内墙面涂装

2.5.1 多彩花纹内墙涂料简介

多彩花纹内墙涂料是近些年在建筑涂料中异军突起的一种颇受欢迎的新品种，适用于宾馆、商店、办公、居室等内墙装饰。

喷涂后可产生多种层次和立体花纹，具有色彩优雅、图案自然、立体感强的特点，有较高的粘结力和良好的耐水性，施工较简单，效果好，价格适中，是一种理想的室内装饰材料。

多彩花纹内墙涂料对施工保养条件要求较高。施工和保养温度应高于5℃，环境湿度应低于85%，以保证成膜良好。一般来讲乳胶漆的保养时间为7d（25℃），低温下应适当延长。低温将引起乳胶漆的漆膜粉化开裂等问题，环境湿度大会使漆膜长时间不干，并最终导致成膜不良。外墙施工必须考虑天气因素，在涂刷乳胶漆前，12h内不能下雨。且油漆的施工保养温度也不宜太低，尤其是双组分的反应型涂料，低温（小于5℃）其成膜过程将变得十分缓慢。故必须保证底材干燥，涂刷后，24h内不能下雨，避免漆膜被雨水冲坏。

2.5.2 聚乙烯醇水玻璃内墙涂料简介

聚乙烯醇水玻璃内墙涂料是利用表面活性剂的乳化作用，在激烈搅拌下将聚乙烯醇和水玻璃充分混合并高度分散在水中，形成乳胶液；然后加入其他成分并起装饰和保护作用的涂膜。

目前，我国建筑装饰工程施工中大量地采用了聚乙烯醇内墙涂料，这为提高室内装饰工程质量开辟了一条新的途径。聚乙烯醇内墙涂料通常称为"106"内墙涂料。它具有无毒无味、色泽鲜艳、附着力强、遮盖力好、生产工艺简单、适应各种不同基层等优点，可以广泛地用于医院、商店、办公楼和宿舍等民用建筑内墙装饰。

2.5.3 幻彩涂料简介

幻彩涂料是当今欧美非常流行的多装饰性内墙高档涂料。国内产品除以幻彩命名外，还有梦幻涂料、云彩涂料等名称。幻彩涂料主要通过创造性、艺术性的施工，获得梦幻般、写意式的装饰效果。

新型幻彩涂料以水为溶剂，无毒、不燃，运输时安全性好，使用时对环境无污染。所用树脂系经特殊聚合工艺加工而成的合成树脂乳液，具有良好的触变性及适当光泽，涂膜具有优异的抗回黏性。

2.5.4 乳胶漆简介

乳胶涂料俗称乳胶漆，属于水性涂料的一种，是以合成聚合物乳状物为基料，将颜料、填料、助剂分散于其中而形成的水分散系统。乳胶漆是建筑涂料的一种类型，是目前室内墙面装饰的主要材料。

2.5.5 复层薄涂料简介

薄涂料，又称薄质涂料。它的黏度低，刷涂后能形成较薄的涂膜，表面光滑、平整、细致，但对基层凹凸线型无任何改变作用。主要有水性薄涂料、合成树脂乳液薄涂料、溶剂型（包括油性）薄涂料、无机薄涂料等，立邦漆就属于这一种。

2.6 内墙涂料施工

2.6.1 多彩花纹内墙涂料施工

多彩花纹内墙涂料是一种系水包油型组分涂料。由底、中、面层涂料复合组成饰面。具有亚光、柔和、色彩丰富、美观和立体感强等优点。

1. 主要技术性能指标要求

多彩花纹内墙涂料的主要技术性能指标要求见表 2-6。

多彩花纹内墙涂料主要技术性能指标要求 　表 2-6

指标	要求
容器中状况	液体状，搅拌后呈均匀状态，无结块
黏度(25℃)	(90±10)Pa·s
含固量(%)	22±3
涂膜外观	与样本基本相同
施工性	喷涂方便
干燥时间	表干≤2h，实干≤24h
耐碱性(饱和氢氧化钙溶液，(23±2)℃)	72h 不起泡、不掉粉，只有轻微失光和变色
耐水性(去离子(23±2)℃)	72h 不起泡、不掉粉
耐洗性	≥300 次
贮存稳定性(5～30℃)	6 个月

2. 施工操作要领

（1）喷涂多彩涂料的基层表面应干燥，含水率低于 10%，pH 值小于 9.5。表面浮灰和油污应清除干净。对凹陷不平、裂缝和粗糙面要用腻子满墙批嵌平，且要用铁砂纸磨平，一般需进行"二批二磨"。腻子应具有一定的强度和耐水性。要求高者须用配套专用腻子和抗碱底漆。一般腻子应采用白水泥、老粉和 107 胶水调配而成，白水泥：老粉＝8：2。不应采用化学浆糊和双飞粉调配成的腻子。另外，对于复涂旧墙面，要根据旧涂膜种类分别处理。对于油性涂料层（合成树脂和清漆），要用 0～1 号砂纸打磨表面。对于乳液型涂料层只要清除表面灰尘和油污即可。对于水溶性涂料层，要用热水墙面。批嵌腻子应以既薄又平整光洁为宜。

（2）用塑料薄膜等遮盖物将阳角后喷涂的一面遮挡 10～20cm，待喷涂面完成后，将遮盖物移至已喷涂的一面，以防止阳角两侧面多彩涂料饰面受到喷涂污染产生流淌、下坠或花纹不均等现象。取掉遮盖物时要谨慎小心，切勿将涂膜拉起。

（3）待基层批嵌的腻子干燥后，将底层涂料桶盖打开，用干净的竹、木棒将涂料搅拌均匀，但切勿用搅拌机搅拌。将涂料倒入塑料、木质或镀锌铁皮小桶中，采用油漆刷子将涂料从左向右、从上往下均匀刷涂于墙面上。

（4）隔 1d 左右后，将中层涂料搅拌均匀，倒入镀锌铁皮方盘中，用涂料滚筒将涂料从左向右、从上往下均匀刷面，且边辊边用排笔刷涂均匀。

（5）再隔 1d 左右后，将面层多彩涂料搅拌均匀，倒入喷斗中，用专用喷枪从左向右、从上往下均匀喷涂于墙面上，即可形成丰富多彩的饰面层。喷枪压力应稳定保持在 2.5～3.0kg/cm²，喷枪口离墙面应为 30～40cm，且喷枪口应垂直于墙面，水平和垂直移动喷枪的速度要均匀，水平移动喷枪时，喷嘴狭缝应处于纵向状态，垂直移动喷枪时，喷嘴狭缝应处于横向状态。待面层多彩涂料干燥 24h 后，即可进行下道工序工作。

（6）复涂旧墙面时，对于油性涂料，在用砂纸打磨后，先涂中层涂料，后喷涂面层多彩涂料。对于乳液型涂料，在对基层做处理后，也先涂中层涂料，后喷涂面层多彩涂料。对于水溶性涂料，在做基层处理后，按程序涂底、中、面层涂料。

3. 注意事项

（1）要注意气候对本涂料施工的影响。应避免雨天和高温气候条件下喷涂面层多彩涂料。应根据不同气候来确定各涂料层施工间隔时间。施工环境温度在 5℃ 以下时不应施工。以确保多彩涂料的色彩、光泽、粘结性和耐久性。

（2）切勿用水或稀释剂稀释本涂料。

（3）冬天，万一遇到面层多彩涂料黏度太大时，可在 50～60℃ 热水中加热包装容器。

（4）严禁将底层与中层涂料混合使用。

（5）多彩涂料中含有机溶剂，施工时应注意防火和通风。

（6）喷枪和容器使用后，必须立即用水冲洗干净。

（7）不应露天存放涂料。

4. 劳动组织与工料耗用

劳动组织：喷涂面层多彩涂料时，2 人一组为好，其中一人握枪喷涂，另一人保护头角、添料、移动操作梯架等。

耗料：3～3.5m²/kg。

工效：2 人一组，一般每台班可喷涂面层多彩涂料160～200m²。

2.6.2 聚乙烯醇水玻璃内墙涂料施工

1. 基层处理

（1）对于混凝土墙面，虽较平整，但存在水气泡孔，必须进行批嵌，或采用 1：3：8（水泥：纸筋：珍珠岩砂）珍珠岩砂浆抹面。

（2）对于砌块或砖砌墙面用 1：3（石灰膏：黄砂）砂浆刮批，上粉纸筋灰面层，如有龟裂，应满批后方可涂刷。

（3）对于旧墙面，应清除浮灰，保证光洁，表面若有高低不平、小洞或缺陷处，要进行批嵌后再涂刷，以使整个墙面平整，确保涂料色泽一致，光洁平滑。批嵌用的腻子，一般采用5％的甲基纤维加95％的水，隔夜溶解成水溶液（简称化学浆糊）再加老粉调和后批嵌，在喷涂过大白浆或干墙粉墙面上涂刷时，应先铲除干净（必要时要进行一定的批嵌）后，方可涂刷，以免产生起壳、翘皮等缺陷。

2. 施工要点

（1）涂料施工温度最好在10℃以上，由于涂料易沉淀分层，使用时必须将沉淀在桶底的填料用棒充分搅拌均匀，方可涂刷，否则会造成桶内上面料稀薄，包料上浮，遮盖力差，下面料稠厚，填料沉淀，色淡易起粉。

（2）涂料的黏度随温度变化而变化，天冷黏度增加，冬期施工时若发现涂料有凝冻现象，可适当进行水溶加温到凝冻完全消失后再进行施工。若涂料确因蒸发后变稠的，施工时不易涂刷，切勿单一加水，可采用胶粘剂（乙烯-醋酸乙烯共聚乳液）与温水（1：1）调匀后，适量加入涂料内以改善其可涂性，并做小块试验，检验其粘结力、遮盖力和结膜强度。

（3）施工用的涂料色彩应完全一致，施工时应认真检查，发现涂料颜色有深有深有浅，应分别堆放，如果使用两种不同颜色的剩余涂料时，需充分搅拌均匀后在同一房间内进行涂刷。

（4）气温高，涂料黏度小，容易涂刷，可用排笔；气温低，涂料黏度大，不易涂刷，用料要增加，宜用漆刷，也可第一遍用漆刷，第二遍用排笔，使涂料厚薄均匀，色泽一致。操作时用的盛料桶宜用木制或塑料制品，盛料前和用完后连同漆刷、排笔用清水洗干净，妥善存放，漆刷、排笔亦可浸水存放，切忌接触油剂类材料，以免涂料涂刷时油缩、结膜后出现水渍纹，涂料结膜后不能用湿布重揩。

2.6.3 普通内墙乳胶涂料施工

1. 施工顺序

基层处理→第一遍满刮腻子→磨光→第二遍满刮腻子→磨

光→封底漆→第一遍乳胶漆→磨光→第二遍乳胶漆→清扫。

2. 施工要点

（1）基层处理

1）对基层的要求：

① 基层的 pH 值应在 10 以下，含水率应在 8％和 10％。

② 基层表面应平整，阴、阳角及角线应密实，轮廓分明。

③ 基层应坚固，如有空鼓、酥松、起泡、起砂、空洞、裂缝等缺陷，应进行处理。

④ 表面应无油污、灰尘、溅沫及砂浆流痕等。

2）基层处理方法：

① 清理

a. 用清扫工具清扫灰尘及其他附着物。

b. 砂浆溅物及流痕等用铲刀、钢丝刷清理干净。

c. 用 5％～10％的氢氧化钠水溶液清洗油污及脱模剂等污垢，然后用清水冲洗干净。

d. 空鼓、酥松、起皮、起砂等用铲刀清理，再用清水冲洗，然后再进行修补。

② 找平与修补

a. 空鼓：用无齿锯切割，后进行修补。

b. 缝隙：对于细小的裂缝，根据不同的部位，采用不同的腻子嵌平，干燥后用砂纸打磨平整；对于大的裂缝，应将裂缝部位凿成"V"形缝隙，清扫干净后做一层防水层，再嵌填防水密封膏，干燥后用水泥砂浆找平，水泥砂浆干燥后用砂纸打磨平整。

c. 孔洞：基层表面 3mm 以下的孔洞，可用聚合物水泥砂浆找平；3 mm 以上的孔洞应用水泥砂浆找平，干燥后用砂纸打磨平整。

d. 表面不平或接缝错位：先将凸出部位凿平，采用水泥砂浆找平，干燥后打磨平整。

e. 露筋：将钢筋头周围的混凝土凿除 10mm 左右，将钢筋头除去，再用水泥砂浆找平，后用砂纸打磨平整。

（2）满刮腻子

表面清扫干净后，用水与醋酸乙烯乳胶（配合比为 10∶1）的稀释溶液将腻子调制成适合稠度，用它将墙面麻面、蜂窝、洞眼、残缺处填补好，腻子干透后，先用开刀将多余腻子铲平，然后用粗砂纸打磨平整。

第一遍满刮腻子及打磨：室内涂装面上较大的缝隙填补平整后，使用批嵌工具满刮乳胶腻子一遍。所有微小砂眼及收缩裂缝均需满刮，以密实、平整、线角棱边整齐为度。同时，应一刮顺一刮地沿着墙面横刮，不得漏刮，接头不得留槎，注意不要沾污门窗及其他物品。腻子干透后，用 1 号砂纸裹着平整小木板，将腻子渣及高低不平处打磨平整，注意用力均匀，保护棱角。打磨后用清扫工具清理干净。

第二遍满刮腻子及打磨：第二遍满刮腻子方法同第一遍腻子，但要求此遍腻子与前遍腻子刮抹方向互相垂直，即应沿着墙面竖刮，将墙面进一步满刮及打磨平整、光滑为止。

第一遍涂料：第一遍涂料涂刷前必须将基层表面清理干净，涂刷时宜用排笔，涂刷顺序一般是从上到下，从左到右，先横后竖，先边线、棱角、小面后大面。阴角处不得有残余涂料，阳角不得裹棱。

复补腻子：第一遍涂料干燥后，应全部检查一遍，如局部有缺陷应局部复补涂料腻子一遍，并用牛角刮刀刮抹，以免损伤涂料漆膜。

磨光：复补腻子干透后，应用细砂纸将涂料面打磨平滑，注意用力轻而匀，且不得磨穿漆膜，打磨后将表面清扫干净。

第二遍涂料涂刷及磨光方法同第一遍。

第三遍涂料：其涂刷顺序与第一遍相同，要求表面更美观细腻，必须使用排笔涂刷。大面积涂刷时应多人配合流水作业，互相衔接。

3. 质量措施

（1）内墙涂料应符合设计要求。

（2）漆膜牢固。

（3）内墙涂料表面质量应符合表 2-7 的要求。

内墙涂料表面质量要求　　　　　　表 2-7

项目	质量要求
掉粉、起皮	不允许
漏刷、透底	不允许
反碱、咬底	不允许
流坠、疙瘩	不允许
颜色、刷纹	颜色一致，无砂眼，无刷纹
装饰线、分色线	平直(拉 5m 通线，不足 5m 拉通线检查)，偏差不大于 1mm

2.6.4 幻彩涂料施工

幻彩涂料的施工方法多种多样，是现有涂料中施工方法最多的一种涂料，该涂料的施工程序一般包括如下几个步骤：

1. 基层的检查与处理

首先要检查被涂基层有无泥土、灰尘、脱模剂、油污等类物质，这类物质可用钢丝刷、刮刀、有机溶剂或化学洗涤剂除去，然后用扫帚、抹布将基层清扫干净。如果基层表面泛碱，可用白醋和清水混合液洗净至 pH 值小于 9.5。其次检查基层表面的含水率和碱度，要求基层表面含水率低于 10%，表面 pH 值在 9.5以下，可用砂浆水分计及表面 pH 计进行测定。最后要求基层表面平整、光洁、无凹凸等缺陷。这是保证幻彩涂料装饰效果的关键，如果基层表面不平或有小裂缝，可用腻子找平，大的裂缝必须用合成树脂水泥砂浆修补，待干燥后再用砂轮、砂纸打磨平整，然后进行涂料施工。.

2. 底涂施工

幻彩涂料专用底涂为合成树脂乳液的水稀释液，可以封闭基层，防止泛碱，增加涂层附着力。一般以滚涂为好，也可刷涂，但要求均匀一致，防止漏涂。

3. 中涂施工

中涂为合成树脂乳液涂料，该涂料一般具有较高的遮盖力、流平性及优良的洗刷性能，用以保证基层表面颜色均匀一致，为涂刷面涂料创造一种良好的底色环境。施工方法一般采用滚涂、喷涂或刷涂。无论采用何种施工方法，都要确保涂刷均匀一致，无漏涂、流挂、刷痕，一般涂两遍。

4. 面涂施工

待中涂干燥后，进行面涂施工。如前所述，幻彩面涂施工方法多种多样，不同施工方法及不同色彩相配合，可呈现出不同的装饰效果和质感。

（1）滚垫施工法

滚垫是由三层或四层专用皮革交叉重叠而成，将皮革的中间部位扎紧，用胶布扎成手柄，根据所需花纹大小做成适当大小的叶片（花垫），大面积施工时须两人配合，一人将涂料先稀释至所需黏度（根据气温和空气干湿程度可加水 $10\%\sim40\%$ ），然后用刷子或辊筒均匀涂上约 $1\sim2m^2$ ，另一人将滚垫轻轻接触面涂并旋转做出自然花纹。继续重复上述两个步骤施工，直至全部完成。要注意交接处必须在涂层未干时交接，以免表面干燥而形成痕迹，影响装饰效果。

（2）刮板施工法

大面积施工时，也需要两人配合。一人将涂料均匀涂上 $1\sim2m^2$ ，另一人用特制的刮板批刮涂料，使之呈不同形状的花纹。不能与基层完全垂直，应倾斜成小角度，要快。也要注意接缝和收头，也可套色。施工时刮板落手、收手施工程序同滚垫法。

（3）滚涂施工法

该方法是先用辊筒将涂料均匀涂刷在墙面上，再用具体花纹图案的滚花辊具滚上另一种色彩的涂料。可以滚涂出各种印花图案，其装饰效果可以与印花墙布相媲美。使用不同辊具，可以达到不同的装饰效果。

（4）喷涂施工法

此法与喷幻彩涂料相近。先将涂料稀释至适合的黏度，然后采用专门喷枪（喷嘴直径 2.0～3.5mm，空气压力 1～2 个大气压，喷大粒子时压力要低，喷小粒子时压力要高，喷嘴距离墙面 60～80cm）先水平方向均匀喷两遍，再垂直方向均匀喷一遍。如需多种色彩，可在喷完第一遍时趁湿喷另一种颜色的面涂作为第二遍。

（5）弹涂施工法

该法使用弹涂器将各种颜色的涂料弹射到墙面，从而形成立体感强的彩色点状涂层。形成的涂层由于各种色点错落有致，相互衬托，可以达到水刷石的装饰效果。

（6）印章施工法

此法是将特制图案或皮革像盖章一样印上去，但要均匀有序，不能重复，以免影响装饰效果。要特别注意中涂与底色的配合，颜色配合得当，可获得极佳效果。

（7）复合施工法

为了提高装饰效果，增强涂层质感，保证涂层施工质量，可以同时应用几种工具、多种色彩、相互套色，再与不同中涂和底色相配合，从而呈现出变幻莫测的图案和装饰效果。复合施工法可根据施工人员的经验独立创新，常常可得到意想不到的效果。

2.6.5 高档乳胶漆施工

内墙乳胶漆是室内墙面、顶棚的主要装饰材料之一，特点是装饰效果好，施工方便，对环境污染小，成本低，应用极为广泛。涂饰内墙乳胶漆的操作程序是：基层处理→刮腻子补孔→磨平→满刮腻子→磨光→满刮第二遍腻子→磨光→涂刷第一遍乳胶漆→磨光→涂刷第二遍乳胶漆→清扫。

（1）基层处理：对不同材料的基层应分别用不同的方法处理，处理后要达到表面平整、干燥、无油污、无浮尘。混凝土或抹灰基层含水率不得大于 10%，木材基层含水率不得大于 12%。正常温度下，一般抹灰基层龄期不得少于 14d，混凝土基层龄期不得少于一个月。

（2）满刮腻子：刮墙腻子由白乳胶漆、滑石粉或大白粉、2%羧甲基纤维素溶液调配而成，配合比为1：5：3.5（质量比）。第一遍腻子要求横向刮抹，第二遍腻子要求竖向刮抹。要求刮抹平整、均匀、光滑、密实；线角及棱边整齐。满刮时，不漏刮，接头不留槎，不沾污门窗框及其他部位。干透后用砂纸打磨平整。

（3）磨砂纸：每道腻子应磨砂纸一遍，每道砂纸要把墙面磨光、磨平，不留浮腻子和刮痕，并将浮尘清扫干净。

（4）封底漆：若采用高档乳胶漆，则在满刮第二遍腻子后增加封底漆工序。封底漆可采用滚涂或喷涂方法施工，施涂时，涂层要均匀，不可漏涂，若封底漆渗入基层较多，则需重涂。

（5）涂刷乳胶漆。乳胶漆的涂膜不宜过厚或过薄。过厚易流坠、起皱、影响干燥和美观；过薄则不能发挥涂料的作用。一般以充分盖底、不透虚影、表面均匀为宜。涂刷遍数一般为两遍，必要时可适当增加涂刷遍数。在正常气温条件下，每遍涂料的间隔时间约为4h。

（6）磨光：第一遍乳胶漆涂刷施工结束4h后，用细砂纸磨光，若天气潮湿，4h后未干，应延长时间，待干燥后再磨。

（7）清扫：清扫飞溅的乳胶漆，并清除施工准备时预先覆盖在踢脚板、水、电、暖、卫设备及门窗等部位的遮挡物。

内墙乳胶漆除了可以采用刷涂、滚涂施工方式外，还可以采用喷枪进行喷涂。

2.6.6 复层薄涂料施工

1. 适用范围

适用于建筑工程中内外墙混凝土及抹灰面复层涂料的施工。

2. 施工准备

（1）技术准备

1）施工前应按设计要求，对建筑物内外墙的分色、色带、大角的做法，进行装饰分格设计，并经设计、监理、建设单位认可；

2）大面积施工前先做出样板，确定色彩和图案，经设计、监理、建设单位及有关质量部门认可后组织施工；

3）对操作人员进行安全技术交底。

（2）材料准备

1）涂料：复层涂料。

2）辅料：界面处理剂、腻子、水泥、胶。

3）材料质量要求：涂料和辅料需有出厂合格证、涂料性能检测报告、涂料有害物质含量检测报告。

（3）机具设备

1）机械：电动吊篮、空压机（排气量不小于 $0.6m^3/min$）、喷枪、喷斗、高压胶管、手持电动搅拌器等。

2）工具：刮板、托板、铲刀、腻子刀、不锈钢或塑料抹子、塑料辊筒、压板、滚压工具、排笔、刷子、砂纸、粉线包等。

3）计量检测用具：量筒、钢尺、靠尺、线坠、含水率检测仪等。

4）安全防护用品：工作帽、护目镜、口罩、乳胶手套等。

（4）作业条件

1）建筑门窗框安装完毕，经验收合格，并已覆盖保护。

2）基层经过干燥，含水率不超过 10%。施工环境温度应控制在 5～35℃之间。

3）外脚手架搭设完毕或电动吊篮安装完毕，并经验收合格。

4）水电及设备留洞、埋盒已完成，并经验收合格。

5）基层缺棱掉角处已用水泥砂浆修补好，表面的麻面和缝隙已用水泥腻子（或耐水腻子）刮平并打磨平整。

3. 操作工艺

工艺流程为：基层处理→做分格缝→涂刷复层涂料→涂料修整。

（1）基层处理

将混凝土和抹灰面上的灰尘、污垢、溅沫和砂浆流痕等清除干净，对基层进行处理，将表面缝隙和不平处用水泥腻子（或耐水腻子）刮平补齐，待腻子干燥后，用砂纸打磨平整。处理好的基层表面平整、立面垂直、阴阳角方正，无开裂、酥松、脱皮、起砂、缺棱掉角等现象。基层处理后，需充分干燥。

（2）做分格缝：按设计要求和分格设计，找垂直套方，弹分格线。一般按楼层做水平分格，缝宽 50～80mm。在大角、阳台、门窗边留出 35～50mm 宽做平涂以加强涂饰效果。分格缝需按标高控制，保证建筑物四周交圈。外墙涂料分段施工时，应以墙面分格缝、墙的阴阳角、伸缩缝或水落管等处为分界线控制施涂。分格缝需平直光滑，宽窄、深浅一致。

（3）涂刷复层涂料

1）涂刷方法

① 刷涂：刷涂方向、距离应一致，接槎应设在分格缝处。刷涂一般不少于两道，应在前一道涂料表干（即表面成膜）后再涂刷第二道，两道涂料的间隔时间一般为 2～4h。

② 喷涂：喷涂施工应根据所用涂料品种、黏度、稠度、粒径等，确定喷涂机具的种类、喷嘴口径、喷涂压力、与基层之间的距离等。一般要求喷枪运行时，喷嘴中心线必须与墙面垂直，喷嘴距离墙面 400～600mm，喷涂压力 0.4～0.8MPa 或通过试喷确定。喷枪与墙平行移动，运行速度保持均匀一致，连续作业一次成活。接槎处颜色要一致、厚薄要均匀，防止漏喷和流淌。每次喷涂时将本次喷涂以外的墙面用塑料布遮挡好，以免互相污染。

③ 滚涂：滚涂应根据涂料品种选用辊子的类型。操作时在辊子上蘸少量涂料后，在墙面上做上下垂直往返滚动，避免扭曲变形。滚涂时涂膜不应过厚或过薄，应充分盖底、不透虚影、表面均匀。

2）涂刷封底涂料

可采用刷涂、喷涂、滚涂三种操作方法。一般顺序是由上而下、从左到右按分格线逐层进行。复层涂料的三个涂层可以采用同一种材质的涂料，也可以由不同材质组成。

3）喷、滚中间涂层

① 中间涂层（主涂层）用喷枪喷涂，有图案的辅以辊筒压花。喷涂厚度一般为 1～4mm，喷涂花点和压花图案的大小、疏密根据样板确定。需要压花时，应在喷涂层表干后，适时用带图案的辊筒在喷涂表面单方向滚动，压出花纹。需压平部位，则用无图案胶辊将隆起部位表面压平。

② 水泥系主涂层涂料喷、滚完成后，应先干燥 12h，然后洒水养护 24h，再干燥 12h 后，才能施涂罩面层涂料。

4）涂饰面层涂料

中间涂层（主涂层）干燥后，即可进行面层涂料施工，刷、滚、喷方法均可，以喷为宜。面层涂料一般涂两道，两道间隔时间为 2～4h。涂饰时要注意与前一刷、滚、喷的搭接，做到不透底和不流坠。面层涂料可根据光泽的不同要求，分别选用水性涂料或溶剂型涂料，也可根据需要加一道有光涂料。

（4）涂料修整

涂料施工时，应随涂饰随修整，发现漏涂、透底、流坠等现象立即处理。

2.7 木制品涂装

2.7.1 木料表面清漆涂料施涂的主要机具

油刷、开刀、牛角板、油画笔、掏子、毛笔、砂纸、砂布、擦布、腻子板、钢皮刮板、橡皮刮板、小油桶、半截大桶、水桶、油勺、棉丝、麻丝、竹签、小色碟、铜丝箩、高凳、脚手板、安全带、钢丝钳子、小锤子和小笤帚等。

2.7.2 木器漆的简介

1. 硝基清漆

硝基清漆是一种由硝化棉、醇酸树脂、增塑剂及有机溶剂调制而成的透明漆，属挥发性油漆，具有干燥快、光泽柔和等特点。硝基清漆分为亮光、半哑光和哑光三种，可根据需要选用。硝基清漆也有其缺点：高湿天气易泛白、丰满度低、硬度低。

2. 手扫漆

属于硝基清漆的一种,是由树脂、颜料及有机溶剂调制而成的一种非透明漆。此漆专为人工施工而配制,更具有快干特征。

3. 硝基漆的主要辅助剂

(1) 天那水。它是由酯、醇、苯、酮类等有机溶剂混合而成的一种具有香蕉气味的无色透明液体。主要起调合硝基漆及固化作用。

(2) 化白水,也叫防白水,学名为乙二醇单丁醚。在潮湿天气施工时,漆膜会有发白现象,适当加入稀释剂量 10%～15% 的硝基磁化白水即可消除。

2.7.3 木料表面施涂丙烯酸清漆的材料要求

涂料:光油、清油、醇酸清漆、丙烯酸清漆(一号、二号)、黑漆、漆片等。

填充料:石膏、大白、地板黄、红土子、黑烟子、立德粉、纤维素等。

稀释剂:二甲苯、汽油、煤油、醇酸稀料、酒精等。

抛光剂:上光蜡、砂蜡等。

2.7.4 木料表面施涂混色磁漆磨退的材料要求

涂料:光油、清油、醇酸清漆、丙烯酸清漆(一号、二号)、黑漆、漆片等。

填充料:石膏、大白、地板黄、红土子、黑烟子、立德粉、纤维素等。

稀释剂:二甲苯、汽油、煤油、醇酸稀料、酒精等。

抛光剂:上光蜡、砂蜡等。

2.7.5 木料表面清漆涂料施涂

1. 施工准备

(1) 材料要求

1) 涂料:光油、清油、脂胶清漆、酚醛清漆、铅油、调合漆、漆片等。

2) 填充料:石膏、地板黄、红土子、黑烟子、大白粉等。

3）稀释剂：汽油、煤油、醇酸稀料、松香水、酒精等。

4）催干剂："液体钴干剂"等。

（2）主要机具

油刷、开刀、牛角板、油画笔、掸子、毛笔、砂纸、砂布、擦布、腻子板、钢皮刮板、橡皮刮板、小油桶、半截大桶、水桶、油勺、棉丝、麻丝、竹签、小色碟、铜丝箩、高凳、脚手板、安全带、钢丝钳子、小锤子和小笤帚等。

2. 作业条件

（1）施工温度宜保持均衡，不得突然有较大的变化，且通风良好。湿作业已完成并具备一定的强度，环境比较干燥。一般油漆工程施工时的环境温度不宜低于 10℃，相对湿度不宜大于 60%。

（2）在室外或室内高于 3.6m 处作业时，应事先搭设好脚手架，并以不妨碍操作为准。

（3）大面积施工前应事先做样板间，经有关质量部门检查鉴定合格后，方可组织班组进行大面积施工。

（4）操作前应认真进行交接检查工作，并对遗留问题进行妥善处理。

（5）木基层表面含水率一般不大于 12%。

3. 操作工艺

工艺流程：基层处理→润色油粉→满刮油腻子→刷油色→刷第一遍清漆（刷清漆→修补腻子→修色→磨砂纸）→安装玻璃→刷第二遍清漆→刷第三遍清漆。

（1）基层处理：首先将木门窗和木料表面基层面上的灰尘、油污、斑点、胶迹等用刮刀或碎玻璃片刮除干净。注意不要刮出毛刺，也不要刮破抹灰墙面。然后用 1 号以上砂纸顺木纹打磨，先磨线角，后磨四口平面，直到光滑为止。

木门窗基层有小块活翘皮时，可用小刀撕掉。重皮的地方应用小钉子钉牢固，如重皮较大或有烤糊印疤，应由木工修补。

（2）润色油粉：用大白粉∶松香水∶熟桐油＝24∶16∶2

（质量比）混合搅拌成色油粉（颜色同样板颜色），盛在小油桶内。用棉丝蘸油粉复涂于木料表面，擦进木料鬃眼内，而后用麻布或木丝擦净，线角应用竹片除去余粉。注意墙面及五金上不得沾染油粉。待油粉干燥后，用1号砂纸轻轻顺木纹打磨，先磨线角、裁口，后磨四口平面，直到光滑为止。注意保护棱角，不要将鬃眼内油粉磨掉。打磨完成后用潮湿的抹布将磨下的粉末、灰尘擦净。

（3）满刮油腻子：腻子的配合比为石膏粉：熟桐油：水＝20：7：50（质量比），并加颜料调成油腻子（颜色浅于样板1～2色），要注意腻子油性不可过大或过小，如油性过大，涂刷时不易浸入木质内，如油性过小，则易钻入木质内，这样刷的油色不易均匀，颜色不能一致。用开刀或牛角板将腻子刮入钉孔、裂纹、鬃眼内。刮抹时要横抹竖起，如遇接缝或节疤较大时，应用开刀、牛角板将腻子挤入缝内，然后抹平。待腻子干透后，用1号砂纸轻轻顺木纹打磨，先磨线角、裁口，后磨四口平面，注意保护棱角，来回打磨至光滑为止。打磨完成后用潮湿的抹布将磨下的粉末擦净。

（4）刷油色：先将铅油（或调合漆）、汽油、光油、清油等混合在一起过箩（颜色同样板颜色），然后倒入小油桶内，使用时经常搅拌，以免沉淀造成颜色不一致。

刷油色时，应从外至内、从左至右、从上至下进行，顺着木纹涂刷。刷门窗框时不得污染墙面，刷到接头处要轻飘，使颜色一致；因油色干燥较快，所以刷油色时动作应敏捷，要求无缕无节，横平竖直，刷油时刷子要轻飘，避免出刷绺。

刷木窗时，刷好窗框上部后再刷亮子；待亮子全部刷完后，将梃钩勾住，再刷窗扇；如为双扇窗，应先刷左扇后刷右扇；如为三扇窗，最后刷中间扇；纱窗扇先刷外面后刷里面。

刷木门时，先刷亮子后刷门框、门扇背面，刷完后用木楔将门扇固定，最后刷门扇正面；全部刷好后，检查是否有漏刷，小五金上沾染的油色要及时擦净。

油色涂刷后，要求木材色泽一致，而又不盖住木纹，所以每一个刷面一定要一次刷好，不留接头，两个刷面交接棱口不要互相沾油，沾油后要及时擦掉，达到颜色一致。

（5）刷第一遍清漆

1）刷清漆：刷法与刷油色相同，但刷第一遍用的清漆应略加一些稀料以便于快干。因清漆黏性较大，最好使用已用出刷口的旧刷子，刷时要注意不流、不坠，涂刷均匀。待清漆完全干透后，用1号或旧砂纸彻底打磨一遍，将头遍清漆面上的光亮基本打磨掉，再用潮湿的抹布将粉尘擦净。

2）修补腻子：一般情况下刷油色后不抹腻子，特殊情况下，可以使用油性略大的带色石膏腻子，修补残缺不全之处，操作时必须使用牛角板刮抹，不得损伤漆膜，腻子要收刮干净，光滑无腻子疤（有腻子疤时必须点漆片处理）。

3）修色：木料表面上的黑斑、节疤、腻子疤和材色不一致处，应用漆片、酒精加色调配（颜色同样板颜色），或用由浅到深的清漆调合漆和稀释剂调配，进行修色；材色深的应修浅，浅的提深，将深浅色的木料拼成一色，并绘出木纹。

4）磨砂纸：使用细砂纸轻轻往返打磨，然后用潮湿的抹布擦净粉末。

（6）安装玻璃：详见玻璃安装工艺标准。

（7）刷第二遍清漆：应使用原桶清漆不加稀释剂（冬季可略加催干剂），刷油操作同前，但刷油动作要敏捷，多刷多理，清漆涂刷得饱满一致，不流、不坠，光亮均匀，刷完后再仔细检查一遍，有毛病要及时纠正。刷此遍清漆时，周围环境要整洁，宜暂时禁止通行，最后将木门窗用梃钩勾住或用木楔固定牢固。

（8）刷第三遍清漆

待第二遍清漆干透后，首先要进行磨光，然后过水布，最后刷第三遍清漆，刷法同前。

4. 冬期施工

室内油漆工程，应在采暖条件下进行，室温保持均衡，一般油漆施工的环境温度不宜低于 10℃，相对湿度不宜大于 60％，不得突然变化。同时应设专人负责测温和开关门窗，以利通风排除湿气。

2.7.6 木基层清漆磨退的施工方法

1. 工艺流程

基层处理→封底油、补腻子打磨→刷第一遍清漆→上色→刷第二～四遍清漆→拼色、修色→打磨→刷第五、六遍清漆→磨退→打砂蜡→擦上光蜡。

2. 操作工艺

（1）基层处理：清除木材表面灰尘和污迹。如有油污，可用稀料擦洗干净。钉帽进入木材表面深度应大于 0.5mm。顺着木纹打磨基层表面，不可横磨或斜磨。磨平和磨去所有附着物后，将表面擦拭干净，如木质表面有色差应做漂白处理（漂白剂一般用双氧水∶氨水＝4∶1）。

（2）封底油、补腻子打磨：先封底油再补油腻子打磨光滑。

（3）刷第一遍清漆：清漆施涂时应顺着木纹方向，不能横刷、斜刷、漏刷和流坠，并应保持适当的厚度。清漆干燥后应间隔 1d，待其充分干透，颗粒和飞刺全部翘起，利于打磨。

（4）上色：用柔软的白布擦均匀。

（5）刷第二至四遍清漆：检查拼色、修色效果，符合要求后，便可依次施涂第二至四遍清漆。每遍清漆干燥后，都要用 1 号旧木砂纸打磨一遍，把涂膜上的细小颗粒磨掉并擦拭干净后才能施涂下一遍清漆。

（6）拼色、修色：施涂第四遍清漆后如发现局部颜色与样板颜色不一致，应依据样板颜色进行拼色、修色。拼色和修色可用油色或色精。对面积较小的腻子疤痕，一般可用油色，对较大面积的颜色不一致可用色精。

（7）打磨：第四遍清漆干燥后，用 280～320 号水砂纸打磨，要求磨平、磨细致，把所有部位都磨到，注意棱角处不能磨白或磨穿。打磨后擦去污水，并用清水擦拭干净。

（8）刷第五、六遍清漆：作为清漆磨退工艺最后两遍罩面漆，其施涂方法同上。同时要求第六遍清漆在第五遍清漆还没有完全干透的情况下接连涂刷，利于涂膜丰满平整，在磨退中不易被磨穿或磨透。

（9）磨退：待最后两遍罩面漆干透后，用 400～500 号水砂纸蘸上肥皂水打磨涂膜表面的光泽。打磨时用力要均匀，要求磨平、磨细致，把表面光泽全部磨到、磨光滑。磨退后擦净晾干。

（10）打砂蜡：首先将砂蜡用煤油调成粥状，用干净的绒布蘸上砂蜡，顺着木纹方向往返揉擦，直到不见亮星为止。力量要均匀，边角处都要擦到，不可漏擦，棱角处不要磨破。最后用干净的绒布将表面浮蜡擦净，使用抛光机时用力要均匀。

（11）擦上光蜡：用干净的白布将上光蜡包在里面，在油漆涂层上反复揉擦，擦匀、擦净，直至光亮为止。

3. 质量标准

（1）主控项目

1）油漆工程所选用的油漆品种、型号和性能应符合设计要求。油漆中有害物质含量及稀释剂的选用必须符合《室内装饰装修材料 溶剂型木器涂料中有害物质限量》GB 18581—2009 及《民用建筑工程室内环境污染控制规范》GB 50325—2010（2013年版）的有关规定。

2）油漆工程的颜色、光泽、图案应符合设计要求。

3）油漆工程应涂饰均匀、粘结牢固，不得漏涂、透底、起皮和反锈。

4）木基层含水率不大于 10%。

（2）一般项目

1）木材面清漆磨退涂饰质量及检验方法应符合表 2-8 的规定。

2）涂层与其他装修材料和设备衔接处应吻合，界面应清晰。

木材面清漆磨退涂饰质量及检验方法　表 2-8

项次	项目	普通涂饰	高级涂饰	检验方法
1	颜色	基本一致	均匀一致	观察
2	木纹	鬃眼刮平、木纹清楚	鬃眼刮平、木纹清楚	观察
3	光泽、光滑	光泽基本均匀、光滑无挡手感	光泽均匀一致、光滑	观察、手摸检查
4	刷纹	无刷纹	无刷纹	观察
5	裹棱、流坠、皱皮	明显处不允许	不允许	观察
6	门窗、五金、玻璃等	洁净	洁净	观察

2.7.7 木基层混色涂料的施工方法

木基层混色涂料的施工方法是一项很精细的施工技术，它包括普通涂饰技术、磨退（亦称蜡克）涂饰技术等多种操作技术。内墙木装饰的部位包括木护墙、木墙裙、木隔断、木博古架、木装饰线、门窗贴脸、筒子板等，所用的涂料多为油性涂料、溶剂性涂料等。根据装饰要求、涂料特性和装饰部位，按相应的施工工序进行施工，每道工序均有具体的施工方法。

木基层混色涂料的施工操作步骤如下：

（1）基层处理：木材面的木毛、边棱用 1 号以上砂纸打磨，先磨线角后磨平面，要顺木纹打磨，如有小块翘皮、重皮处则可嵌胶粘牢。在节疤和油渍处，用酒精漆片点刷。

（2）刷底子油：清油中可适当加颜料调色，避免漏刷。涂刷顺序为从外至内、从左至右、从上至下、顺木纹涂刷。

（3）擦腻子：腻子多为石膏腻子。腻子应不软不硬、不出蜂窝，以挑丝不倒为宜。批刮时应横抹竖起，将腻子刮入钉孔及裂缝内。如果裂缝较大，应用牛角板将裂缝用腻子嵌满。表面腻子应刮光，无残渣。

（4）磨砂纸：用 1 号砂纸打磨。打磨时应注意不可磨穿涂膜并保护棱角。磨完后用湿布擦净，对于质量要求比较高的，可增加腻子及打磨的遍数。

（5）刷第一遍厚漆：将调制好的厚漆涂刷一遍。其施工顺序与刷底子油的施工顺序相同。应当注意厚漆的稠度以达到盖底、不流淌、无刷痕为准。涂刷时应厚薄均匀。

（6）厚漆干透后，对底腻子收缩或残缺处，再用石膏腻子抹刮一次。待腻子干透后，用砂纸磨光。

（7）刷第二遍厚漆：涂刷第二遍厚漆的施工方法与第一遍相同。

2.7.8 木料表面施涂丙烯酸清漆

1. 工艺流程

基层处理→润油粉→满刮色腻子→磨砂纸→刷第一道醇酸清漆→ 点漆片修色→刷第二道醇酸清漆→刷第三道醇酸清漆→刷第四道醇酸清漆→刷第一道丙烯酸清漆→刷第二道丙烯酸清漆→打砂蜡→擦上光蜡。

2. 操作工艺

（1）基层处理：首先清除木料表面的尘土和油污。如木料表面沾污机油，可用汽油或稀料将油污擦洗干净。清除尘土、油污后磨砂纸，大面可用砂纸包 5cm 见方的短木垫着磨。要求磨平、磨光，并清扫干净。

（2）润油粉：油粉是根据样板颜色用大白粉、红土子、黑漆、地板黄、清油、光油等配制而成。油粉调得不可太稀，以调成粥状为宜。润油粉刷擦均可，擦时用麻绳断成 30~40cm 左右长的麻头来回揉擦，包括边、角等都要擦润到并擦净。线角用牛角板刮净。

（3）满刮色腻子：色腻子由石膏、光油、水和石性颜料调配而成。色腻子要刮到、收净，不应漏刮。

（4）磨砂纸：待腻子干透后，用 1 号砂纸打磨平整，打磨完成后用干布擦干净。再用同样的色腻子满刮第二道，要求和刮头道腻子相同。刮后用同样的色腻子对钉眼和缺棱掉角处进行补抹，抹得饱满平整。干燥后磨砂纸，打磨平整，做到木纹清、不得磨破棱角，打磨完成后进行清扫，并用湿布擦净、晾干。

（5）刷第一道醇酸清漆：涂刷时要横平竖直、薄厚均匀、不流不坠、刷纹通顺，不许漏刷，干燥后用 1 号砂纸打磨，并用湿布擦净、晾干。以后每道清漆间隔时间夏季约为 6h，春、秋季约为 12h，冬季约为 24h，有条件时时间稍长一点更好。

（6）点漆片修色：漆片用酒精溶解后，加入适量的石性颜料配制而成。对已刷过头道漆的腻子疤、钉眼等处进行修色，漆片加颜料要根据当时颜色深浅灵活掌握，修好的颜色与原来的颜色要基本一致。

（7）刷第二道醇酸清漆：先检查点漆片是否修好，如符合要求便可刷第二道清漆，待清漆干透后，用 1 号砂纸打磨，用湿布擦干净，再详细检查一次，如有漏抹的腻子和不平处，需要复抹色腻子，干燥后局部磨平，并用湿布擦净。

（8）刷第三道醇酸清漆：待第二道醇酸清漆干燥后，用 280 号水砂纸打磨，磨好后擦干净，其余操作方法同上。

（9）刷第四道醇酸清漆：刷完第四道醇酸清漆后，要等 4～6d 后用 280～320 号水砂纸进行打磨，磨光、磨平，磨好后擦干净。

（10）刷第一道丙烯酸清漆：丙烯酸清漆分甲乙两组，一号为甲组，二号为乙组，配合比为一号 40%，二号 60%（质量比），根据当时气候加适量稀释剂二甲苯。由于这种漆挥发较快，要用多少配制多少，最好按半天的工作量计算。涂刷时要求动作快、刷纹通顺、厚薄均匀一致、不流不坠，不得漏刷，干燥后用 320 号水砂纸打磨，磨完后用湿布擦干净。

（11）刷第二道丙烯酸清漆：待第一道刷后 4～6h，可刷第二道丙烯酸清漆，刷的方法和要求同第一道。刷后第二天用 320～380 号水砂纸打磨，磨砂纸用力要均匀，从有光磨至无光直至"断斑"，不得磨破棱角，磨好后擦干净。

（12）打砂蜡：首先将原砂蜡掺煤油调成粥状，用双层呢布头蘸砂蜡往返多次揉擦，力量要均匀，边角线都要揉擦，不可漏擦，棱角不要磨破，直到不见亮星为止。最后用干净棉丝蘸汽油将浮蜡擦净。

（13）擦上光蜡：用干净的白布将上光蜡包在里面，收口扎紧，用手揉擦，擦匀、擦净直至光亮为止。如果木料表面做清漆磨退而不做丙烯酸清漆磨退，其操作工艺同上，再加擦清漆面，即在第四道醇酸清漆刷完干透后，进行涂擦醇酸清漆（醇酸清漆加 10％～15％的醇酸稀料），用白布（最好是豆包布）包棉花蘸清漆涂擦 5～6 遍，这样使鬃眼更加平整。在常温下干燥 3～4d后，用 400 号水砂纸磨去亮光的 50％以上，俗称"断斑"。但要注意不得磨破末道漆面和线条、棱角等，磨好后擦干净。接着按照上述操作工艺打砂蜡、擦上光蜡出亮即可成活。

3. 冬期施工

室内油漆工程应在采暖条件下进行，室温保持均衡，不宜低于 10℃，且不得突然变化。应设专人负责测量和开关门窗，以利通风排除湿气。

2.8 涂饰工程施工质量验收

2.8.1 水性涂料涂饰工程施工质量验收

1. 主控项目

主控项目内容及监理验收要求见表 2-9。

主控项目内容及监理验收要求　　　表 2-9

项次	项目	监理验收要求	检验方法
1	材料质量	水性涂料涂饰工程所用涂料的品种、型号和性能应符合设计要求	检查产品合格证书、性能检测报告和进场验收记录
2	涂料颜色和图案	水性涂料涂饰工程的颜色、图案应符合设计要求	观察
3	涂饰综合质量	水性涂料涂饰工程应涂饰均匀、粘结牢固，不得漏涂、透底、起皮和掉粉	观察；手摸检查
4	基层处理	水性涂料涂饰工程的基层处理应符合《建筑装饰装修工程质量验收规范》GB 50210—2001 第 10.1.5 条的要求	观察；手摸检查；检查施工记录

2. 一般项目

(1) 薄涂料的涂饰质量和检验方法应符合表 2-10 的规定。

薄涂料的涂饰质量和检验方法　　　　　表 2-10

项次	项目	普通涂饰	高级涂饰	检验方法
1	颜色	均匀一致	均匀一致	观察
2	泛碱、咬色	允许少量轻微	不允许	
3	流坠、疙瘩	允许少量轻微	不允许	
4	砂眼、刷纹	允许少量轻微砂眼,刷纹通顺	无砂眼,无刷纹	
5	装饰线、分色线直线度允许偏差(mm)	2	1	拉 5m 线,不足 5m 拉通线,用钢直尺检查

(2) 厚涂料的涂饰质量和检验方法应符合表 2-11 的规定。

厚涂料的涂饰质量和检验方法　　　　　表 2-11

项次	项目	普通涂饰	高级涂饰	检验方法
1	颜色	均匀一致	均匀一致	观察
2	泛碱、咬色	允许少量轻微	不允许	
3	点状分布		疏密均匀	

(3) 复层涂料的涂饰质量和检验方法应符合表 2-12 规定。

复层涂料的涂饰质量和检验方法　　　　表 2-12

项次	项目	监理验收要求	检验方法
1	颜色	均匀一致	观察
2	泛碱、咬色	不允许	
3	喷点疏密程度	均匀,不允许连片	

(4) 涂层与其他装修材料和设备衔接处应吻合,界面应清晰。

检验方法:观察。

2.8.2 溶剂型涂料涂饰工程施工质量验收

适用于丙烯酸酯涂料、聚氨酯丙烯酸涂料、有机硅丙烯酸涂料等溶剂型涂料涂饰工程的质量验收。

1. 主控项目

(1) 溶剂型涂料涂饰工程所选用涂料的品种、型号和性能应符合设计要求。

检验方法：检查产品合格证书、性能检测报告和进场验收记录。

(2) 溶剂型涂料涂饰工程的颜色、光泽、图案应符合设计要求。

检验方法：观察。

(3) 溶剂型涂料涂饰工程应涂饰均匀、粘结牢固，不得漏涂、透底、起皮和反锈。

检验方法：观察；手摸检查。

(4) 溶剂型涂料涂饰工程的基层处理应符合《建筑装饰装修工程质量验收规范》GB 50210—2001 第 10.1.5 条的要求。

检验方法：观察；手摸检查；检查施工记录。

2. 一般项目

(1) 色漆的涂饰质量和检验方法应符合表 2-13 的规定。

色漆的涂饰质量和检验方法　　　　　表 2-13

项次	项 目	普通涂饰	高级涂饰	检验方法
1	颜色	均匀一致	均匀一致	观察
2	光泽、光滑	光泽基本均匀、光滑无挡手感	光泽均匀一致、光滑	观察、手摸检查
3	刷纹	刷纹通顺	无刷纹	观察
4	裹棱、流坠、皱皮	明显处不允许	不允许	观察
5	装饰线、分色线直线度允许偏差(mm)	2	1	拉 5m 线，不足 5m 拉通线，用钢直尺检查

注：无光色漆不检查光泽。

（2）清漆的涂饰质量和检验方法应符合表 2-14 的规定。

清漆的涂饰质量和检验方法　　　　表 2-14

项次	项目	普通涂饰	高级涂饰	检验方法
1	颜色	基本一致	均匀一致	观察
2	木纹	鬃眼刮平、木纹清楚	鬃眼刮平、木纹清楚	观察
3	光泽、光滑	光泽基本均匀、光滑无挡手感	光泽均匀一致、光滑	观察、手摸检查
4	刷纹	无刷纹	无刷纹	观察
5	裹棱、流坠、皱皮	明显处不允许	不允许	观察

（3）涂层与其他装修材料和设备衔接处应吻合，界面应清晰。

检验方法：观察。

2.8.3　美术涂饰工程施工质量验收

适用于套色涂饰、滚花涂饰、仿花纹涂饰等室内外美术涂饰工程的质量验收。

1. 主控项目

（1）美术涂饰所用材料的品种、型号和性能应符合设计要求。

检验方法：观察；检查产品合格证书、性能检测报告和进场验收记录。

（2）美术涂饰工程应涂饰均匀、粘结牢固，不得有漏涂、透底、起皮、掉粉和反锈。

检验方法：观察；手摸检查。

（3）美术涂饰工程的基层处理应符合《建筑装饰装修工程质量验收规范》GB 50210—2001 第 10.1.5 条的要求。

检验方法：观察；手摸检查；检查施工记录。

（4）美术涂饰的套色、花纹和图案应符合设计要求。

检验方法：观察。

2. 一般项目

（1）美术涂饰表面应洁净，不得有流坠现象。

检验方法：观察。

（2）仿花纹涂饰的饰面应具有被模仿材料的纹理。

检验方法：观察。

（3）套色涂饰的图案不得移位，纹理和轮廓应清晰。

检验方法：观察。

第3章 防火、防腐涂料施工

3.1 底材表面处理方法

被保护物件底材的表面处理是涂料施工的基础工序。它的目的是为被保护物件表面即底材和涂膜的粘结创造一个良好的条件，从而充分发挥涂膜的性能。在防火、防腐涂料施工中表面处理技术特别受到重视，它是整个涂装工艺取得良好效果的基础和关键环节。被涂物件表面处理是涂料施工的第一道工序，包括表面净化和化学处理。表面处理的方法要根据所需要得到的涂层标准类型进行选择，同时要依据被涂物件表面加工后的清洁和光洁程度、污垢的种类和特性以及污染程度等来选择。

表面处理的目的：

（1）清除被涂物件表面的各种污垢，使涂层与被涂物件表面很好地附着，并保证涂层具有优良的性能。污垢的存在不仅影响涂膜外观，严重的会使涂膜成片脱落。

（2）修整被保护物件表面，去除存在的缺陷，创造涂料施工时需要的表面粗糙度（或称光洁度），使涂刷时有良好的附着基础。实践证明，被涂物件表面合适的光洁度为4~6级，在大批量流水作业的工业涂装中，这一表面修整工序一般是由前道工序的机械加工予以保证的。

（3）针对不同被保护物件材质采用不同的处理方法。对被涂物件表面进行各种化学处理，以提高涂层的附着力和防腐蚀能力。防火涂料施工前，应将建筑底材表面的灰尘、杂物等打扫干净，缝隙应用防火涂料或其他防火材料填补平，钢结构表面应除锈，并根据要求确定防锈处理措施等。

3.1.1 钢材的表面处理

1. 基本处理要求

钢铁器件由于加工和贮运等过程而使表面存在铁锈、焊渣、油污、机械污物以及旧漆膜等残余物，为了提高涂层的防锈和防腐蚀能力，表面处理非常重要。属于表面净化处理方法的有除油、除锈、除旧漆；属于化学处理方法的有磷化、钝化等。

（1）对底材要进行严格而完善的表面处理。钢铁和设备等一般要经过除锈、除油、酸洗、磷化等处理。前两项处理是任何涂装都必需的，后两项视具体情况而定。

（2）必要的涂装厚度。防腐涂层的厚度必须超过其临界厚度才能发挥防护作用，一般以 $150\sim200\mu m$ 为宜。

（3）控制涂装现场温度、湿度等环境因素。

（4）控制涂装的间隔时间。如果底漆放置太久才涂面漆，面漆将会难以附着，影响层间的附着力。此外，还应考虑涂层之间的重涂适应性。涂膜的耐久性与耐腐蚀性通常与膜厚成正比，不同地区要求的涂膜厚度为：

1）农村地区 $75\mu m$（涂 $2\sim3$ 道漆）；

2）一般工业区 $125\mu m$（涂 $3\sim4$ 道漆）；

3）相当强的腐蚀环境 $250\mu m$ 以上（涂 $5\sim6$ 道漆）；

4）受海水浸渍或飞溅的区域 $500\mu m$ 以上（涂 $6\sim7$ 道漆）。

2. 除油

去除金属工件表面的油污，可增强涂料的附着力。根据油污情况，选用成本低、溶解力强、毒性小且不易燃的溶剂。常用的有 200 号石油溶剂油、松节油、三氯乙烯、四氯乙烯、四氯化碳、二氯甲烷、三氯乙烷、三氟三氯乙烷等。

3. 除锈

彻底清除钢材表面的锈垢，以延长涂膜的使用寿命。不同的钢铁器件表面有不同的除锈标准，它是按照除锈后钢材表面的清洁度分级的。除锈的方法主要有：

（1）手工打磨除锈，能除去松动、翘起的氧化皮，疏松的锈及其他污物。

（2）机械除锈，借助于机械冲击力与摩擦作用，除去制件表面的锈。可以用来清除氧化皮、锈层、旧漆层及焊渣等。其特点是操作简便，比手工除锈效率高。

常用的除锈设备有：

1）钢板除锈机：制件从一对快速转动的金属丝滚筒间通过，靠丝刷与钢材表面的快速摩擦除去制件板面的锈蚀层，如图 3-1、图 3-2 所示。

图 3-1　钢板除锈机

图 3-2　金属丝滚球

2）手提式钢板除锈机：由电动机通过软轴带动钢丝轮与钢材表面摩擦而除锈。如图 3-3 所示。

图 3-3　钢材表面除锈

3）滚筒除锈机：靠滚筒转动使磨料与钢材表面相互冲击、摩擦而除锈。现在还采用喷砂除锈，并且是一种重要的除锈方式。

（3）化学除锈，通常称为酸洗，是以酸溶液促使钢材表面锈层发生化学变化并溶解在酸液中，从而达到除锈目的。常用浸渍、喷射、涂覆3种处理方式。

（4）除锈剂除锈，常用络合除锈剂，既可在酸性条件下进行，也可在碱性条件下进行，前者还适合于除油、磷化等综合表面处理。

3. 1. 2　木材的表面处理

木材的性质和构造随树种的不同而有所不同。防火涂料涂装木材表面时应注意木材的硬度、纹理、空隙度、水分、颜色以及是否含有树脂等物质。木材的表面处理有以下几道工序：

1. 表面刨平及打磨

用机械或手工进行刨平，然后打磨。首先将2块新砂纸的表面相互摩擦，以除去偶然存在的粗砂粒，然后再用砂纸进行打磨，打磨时用力要均匀一致。打磨完毕后用抹布擦净木屑等杂质。如图3-4所示。

图 3-4　木材表面处理 1

2. 去除木毛

木材表面虽经打磨，但仔细观察尚存在许多木毛，要除去这些木毛，需先用温水湿润木材表面，再用棉布先逆着纤维纹擦拭木材表面，使木毛竖起，并使之干燥变硬，然后再用120～140号砂纸打磨，如果是需要抛光或精细加工的表面，去除木毛的工作要重复两次。

3. 清除木脂

由于树种不同，某些木材常黏附或分泌出木脂、木浆等物质，如果不清除，温度稍高，这种分泌物就会溢出，影响涂层装饰外观。木材表面需要进行染色时，有时会使涂层表面出现花斑、浮色等缺点。清除木脂的方法：先用铲刀将析出的木脂铲除干净，然后用有机溶剂如苯、甲苯、二甲苯、丙酮等擦拭，使木脂溶解，再用干布擦拭干净。如图 3-5 所示。

图 3-5　木材表面处理 2

4. 防霉

为了避免木材长时间受潮而出现霉菌，可在施工前先薄涂一层防霉剂。例如用乙基磷酸汞、氯化酚或对甲苯氨基磺酰溶液来处理，待干透以后，再进行防火涂料的施工。处理完成的木材表面如图 3-6 所示。

图 3-6　处理完成的木材表面

3.1.3 水泥混凝土的表面处理

水泥混凝土表面多孔并含有水分和盐分，表面布满了疏松的颗粒，如直接涂装防火涂料，往往会影响附着力，还会引起涂层起泡、脱层、泛白、腐蚀等弊病。

1. 新混凝土表面处理

新混凝土表面不宜立刻涂装，至少要经过 2～3 周的干燥，使水分蒸发、盐分析出之后才能开始涂装。如需缩短工期，可采用 15%～20% 的硫酸锌或氯化锌溶液或氨基磺酸溶液涂刷水泥表面数次，待干燥后除去析出的粉质和浮粒；也可先用 5%～10% 的稀盐酸溶液喷淋，再用清水洗涤干燥；此外也可用耐碱的底漆事先进行封闭。

2. 旧混凝土表面处理

可用钢丝刷去除浮粒，如果水泥混凝土表面有较深的裂缝或凹凸之处，先用极稀的氢氧化钠溶液清洗油垢，并用水冲洗干净，再用防火涂料或其他防火材料填补堵平后，方可进行涂装。如图 3-7 所示。

图 3-7　混凝土表面涂刷油涂

3.2　钢构件涂装技术

3.2.1　钢构件底漆简介

常用底漆的性能、用途及配套要求见表 3-1。

常用底漆的性能、用途及配套要求   表 3-1

名　　称	型号	性能、用途及配套要求
红丹油性防锈漆 红丹酚醛防锈漆 红丹醇酸防锈漆	Y53-31 F53-31 C53-31	防锈能力强，耐候性好，漆膜坚韧，附着力较好 含铅、有毒 红丹油性防锈漆干燥慢 适用于室内外钢结构表面防锈打底，但不能用于有色金属铝、锌等表面，因为它能加速铝的腐蚀，与锌结合力差，涂覆后会发生卷皮和脱层。与油性磁漆、酚醛磁漆和醇酸磁漆配套使用。不能与过氯乙烯漆配套 Y53-31 与磷化底漆配套，防锈性能更好稀释剂可用 200 号溶剂油或松节油调整黏度 F53-31 不能单独使用（耐候性不好），要与其他面漆配套（如酚醛磁漆、醇酸磁漆等） C53-31 采用 X-6 醇酸稀释剂
硼钡酚醛防锈漆	F53-39	具有良好的防锈性能，附着力强，抗大气性能好，干燥快，施工方便 由松香改性酚醛树脂、多元醇松香脂、干性植物油、防锈颜料偏硼酸钡和其他颜料、催干剂、200 号溶剂油或松节油调制而成的长油度防锈漆用于桥梁、火车车轫、船壳、大型建筑钢铁构件及钢铁器材表面，作为防锈打底之用 用 200 号溶剂油或松节油作稀释剂 最好不单独使用，可与酚醛磁漆配套使用
铁红醇酸底漆	C06-1	由植物油改性醇酸树脂(中油或长油度)与铁红、防锈颜料、体质颜料等研磨后，加入催干剂并以 200 号溶剂油及二甲苯调成漆膜具有良好的附着力和一定的防锈性能，与硝基、醇酸等面漆结合力好，在一般气候下耐久性好，在湿热条件下耐久性差 用于黑色金属表面打底防锈 用 X-6 醇酸漆作稀释剂 配套面漆为：醇酸磁漆、氨基烘漆、沥青漆、过氯乙烯漆等
红丹环氧酯防锈漆	H53-31	附着力、防锈性好 供防锈要求较高的桥梁、船壳、工矿车辆等打底可用 X-7 稀释剂调整施工黏度
铁红、锌黄环氧酯底漆	H06-19	漆膜坚硬、耐久、附着力良好 铁红适用于钢铁表面，锌黄适用于铝及铝镁合金表面 以二甲苯稀释黏度 配套漆为乙烯磷化底漆、环氧烘漆或氨基烘漆

名　　称	型号	性能、用途及配套要求
环氧富锌底漆(分装)	H06-4	漆膜防锈能力很强,具有阴极保护功能并能渗入焊接处,能耐溶剂;在阳光下耐候性稳定,但易产生沉淀,施工工艺要求较高 适用于造船工业水下金属表面涂装及化工设备防腐蚀打底 可用 X-7 稀释剂调整施工黏度 施工过程中要经常搅拌
环氧沥青底漆(SQH06-5 环氧沥青管道底漆)	H06-13	干燥快,漆膜有良好的附着力和防腐性 适用于管道等黑色金属防锈打底;可与 H04-10 配套使用 可用 X-7 稀释剂调整施工黏度
环氧清漆(668 环氧加成物清漆)	H01-1	具有良好的附着力和较好的耐水、抗潮性能 主要用于铝、镁等金属打底 可用 X-7 稀释剂调整施工黏度
各色厚漆(甲、乙级各色厚漆)	Y02-1	容易涂刷、价格便宜,但漆膜柔软,干燥慢,耐久性差 一般用于要求不高的建筑物或水管接头处的涂覆,也可作为木质件打底用 使用前应调入清油,调匀后涂覆 漆中如有粗粒,应先过滤,然后施工
乙烯磷化底漆(分装)	X06-1	作为有色及黑色金属底层的表面处理剂,能起磷化作用,能增加有机涂层和表面的附着力 采用两包装,使用前将两部分混合均匀,比例为每四份底漆加一份磷化液

3.2.2　几种防锈漆简介

1. F53-34 锌黄酚醛防锈漆

该防锈漆由松香改性酚醛树脂、多元醇松香脂、干性植物油、锌黄、氧化锌、体质颜料、催干剂、200 号油漆溶剂油调制而成。该防锈漆具有良好的防锈性能。用于轻金属表面的防锈打底。产品技术要求见表 3-2。

2. F53-40 云铁酚醛防锈漆

该防锈漆由酚醛漆料与云母氧化铁等防锈颜料研磨后,加入催干剂及混合溶剂调制而成。该防锈漆防锈性能好,干燥快,遮

F53-34 锌黄酚醛防锈漆产品技术要求　　　　　**表 3-2**

项　目		指　标
漆膜颜色及外观		黄色,漆膜平整,允许略有刷痕
黏度(涂-4 黏度计)(Pa·s)		≥70
细度(μm)		≤40
遮盖力(g/m²)		≤180
干燥时间(h)	表干	≤5
	实干	≤24
硬度(H)		≥0.15
冲击强度(N·m)		490
耐盐水性(浸泡 168h)		不起泡,不生锈

盖力、附着力强,无铅毒。适用于钢铁桥梁、铁塔、车辆、船舶、油罐等户外钢铁结构上作防锈打底之用。产品技术要求见表3-3。

F53-40 云铁酚醛防锈漆产品技术要求　　　　　**表 3-3**

项　目		指　标
漆膜颜色及外观		红褐色,色调不定,允许略有刷痕
黏度(涂-4 黏度计)(Pa·s)		70~100
细度(μm)		≤75
遮盖力(g/m²)		≤65
干燥时间(h)	表干	≤3
	实干	≤20
硬度(H)		≥0.03
冲击强度(N·m)		490
柔韧性(mm)		1
附着力(级)		1
耐盐水性(浸泡 120h)		不起泡,不生锈

3. 常用防腐漆的性能、用途及配套要求 (见表 3-4)。

常用防腐漆的性能、用途及配套要求　　　　表 3-4

名　　称	型号	性能、用途及配套要求
过氯乙烯防腐漆	G52-1	漆膜具有良好的耐候性、耐腐蚀性和防潮性,附着力较差,如配套得好,可以弥补 适用于室内外钢结构防工业大气腐蚀与 X06-1 磷化底漆和 G06-4 铁红过氧乙烯底漆配套使用
沥青耐酸漆 (沥青抗酸漆 411/177/35)	L50-1	具有耐硫酸腐蚀的性能,并有良好的附着力 主要用于需要防止硫酸腐蚀的金属表面可用 200 号溶剂油稀释,也可用二甲苯与 200 号溶剂油混合溶剂稀释
沥青清漆 (67、68 号)	L01-6	具有良好的耐水、防潮、防腐蚀性能,但机械性能差,耐候性不好,不能涂于太阳光直射的物体表面 用于各种容器与机械等表面涂覆,作防潮、耐水防腐之用 可用纯苯稀释至符合施工要求
过氯乙烯防腐漆	G52-2	具有良好的耐腐蚀性能,也可防火与各色过氯乙烯防腐漆配套使用,涂于化工机械、设备、管道、建筑物等表面,也可单独使用,但附着力差 可用 X-3 过氯乙烯漆稀释
各色过氯乙 烯防腐漆	G52-31	具有优良的耐腐蚀性和耐潮性 用于各种化工机械管道、设备、建筑等金属或木材表面上,可防酸、碱及其他化学药品的腐蚀以 X-3 过氯乙烯稀释剂调整黏度
各色环氧 防腐漆	H52-33	附着力、耐盐水性良好,有一定的耐强溶剂和碱液腐蚀性。漆膜坚韧耐久 适用于大型钢铁设备和管道防化学腐蚀的涂装可用 X-7 稀释剂调整施工黏度 甲、乙组分混合后,应在规定时间内用完
有机硅高炉与热 风炉高温防腐漆	W61-64	具有良好的耐热性、耐温差骤变性,可长期在 400℃高温条件下使用;耐候、耐化学大气、耐水、耐潮和电绝缘性良好,可在常温下固化专用于高炉、热风炉外壁高温防腐,也适用于烟囱、排气管、高温管道、加热炉、热交换器等表面的高温防腐 钢材表面除锈必须达到 Sa2.5 级,粗糙度以 30～40μm 为宜;施涂两道,总厚度以 40μm 为宜

3.2.3 钢构件常用面漆简介

1. 常用面漆的性能、用途及配套要求（见表 3-5）。

常用面漆的性能、用途及配套要求　　　　表 3-5

名　　称	型号	性能、用途及配套要求
油性调合漆	Y03-1	耐候性比酯胶调合漆好，易于涂刷，但干燥时间较长，漆膜较软 用于室内外一般金属、木质物件及建筑物表面的保护和装饰 使用前必须调匀 如黏度太大，可用 200 号溶剂油或松节油进行调整
各色酚醛磁漆	F04-1	漆膜坚硬，有光泽，附着力较好，但耐候性差 用于建筑工程、交通工具、机械设备等室内木材和金属表面的涂覆，起保护及装饰作用 用 200 号溶剂油或松节油作稀释剂 配套底漆为酯胶底漆、红丹防锈漆、灰防锈漆和铁红防锈漆
各色纯酚醛磁漆（水陆两用漆）	F04-11	漆膜较硬，光泽较好，具有一般耐水和耐候性 用于涂装要求耐潮湿、干湿交替的金属和木质物件 用 200 号溶剂油、二甲苯作稀释剂 配套底漆可用防锈漆、酚醛底漆
各色醇酸磁漆	C04-2	具有较好的光泽和机械强度，耐候性较好，能自然干燥，也可低温烘干 用于金属及木质表面的保护及装饰性涂覆 每层喷涂厚度以 $15\sim20\mu m$ 为宜，干燥后再涂下一道可用 X-6 醇酸稀释剂 配套底漆为醇酸底漆、醇酸二道底漆、环氧酯底漆、酚醛底漆等
白丙烯酸磁漆（AC-1CⅡ，AC-2CⅡ）	B04-6	能在室温下干燥，不泛黄，对湿热带气候具有良好的稳定性 用于涂覆各种金属表面及经阳极化处理后涂有底漆的硬铝表面 使用时用 X-5 丙烯酸稀释
环氧沥青磁漆（分装）	H04-10	能自干，漆膜耐水、耐潮、耐酸碱等腐蚀，并有一定的绝缘性，可与 H06-13 配套使用 用于地下管道外壁防腐，也可与玻璃纤维包扎配套使用；防腐性能优良 可用 X-7 稀释剂调整施工黏度
酚醛调合漆	F03-1	涂膜光亮，色彩鲜艳，有一定的耐候性，但较 F04-1 酚醛磁漆稍差 适用于室内一般钢结构

80

名　　称	型号	性能、用途及配套要求
灰酚醛防锈漆	F53-2	耐候性较好，有一定的耐水性和防锈能力适用于室内外钢结构，多作面漆使用
锌灰油性防锈漆	Y53-5	耐候性好，比一般油性调合漆强，不宜粉花，也有一定的防锈能力，涂刷性好 适用于桥梁、铁塔、电杆等室外钢结构作防锈面漆
各色酯胶调合漆（磁性调合漆）	T03-1	涂膜光亮鲜艳，但耐候性较差 适用于室内一般金属、木质物件以及五金零件、玩具等表面作装饰保护之用 用200号溶剂油作稀释剂
各色酯胶磁漆	T04-1	干燥性能比油性调合漆好，漆膜较硬，有一定的耐水性 用于室内外一般金属、木质物件及建筑物表面的涂覆，作保护和装饰之用 使用前必须将漆搅匀，如有结皮、粗粒应进行过滤 用200号溶剂油或松节油作稀释剂

2. S01-3 聚氨酯清漆（分装）

S01－3 聚氨酯清漆（分装）适用于金属保护、木器装饰之用，具有良好的耐水、耐磨、耐腐蚀等特性。该漆在湿热带气候下施工，以户内条件使用为宜。

该漆由蓖麻油醇酸树脂（组分1）和甲苯二异氰酸酯三羟甲基丙烷加成物（组分2）组成。使用前按比例配制，该漆能够自干和烘干。

S01-3 聚氨酯清漆的产品技术指标见表3-6。

S01-3 聚氨酯清漆产品技术指标　　　　　　表3-6

项　　目		指　　标
原漆外观及透明度		浅黄至棕色透明液体，无机械杂质
漆膜外观		平整光滑
固体含量(%)	组分1	≥48
	组分2	≥48
干燥时间(h)	表干	≤4
	实干	≤24
	烘干(120℃)	≤1
柔韧性(120℃烘干 1h)(mm)		1
硬度(s)	自干	≥98
	烘干(120℃,1h)	≥126
耐水性(120℃烘干 1h,浸水 48h)		无变化
闪点(℃)		≥26

3.3 钢结构涂装

3.3.1 钢结构涂装涂料的准备和预处理

涂料选定后，通常要进行以下处理操作程序，然后才能施涂。

图 3-8　开桶

1. 开桶

开桶前应将桶外的灰尘、杂物除尽，以免其混入漆桶内。同时对涂料的名称、型号和颜色进行检查，确定其是否与设计规定或选用要求相符，检查生产日期是否超过贮存期，凡不符合要求的应另行研究处理。若发现有结皮现象，应将漆皮全部取出，以免影响涂装质量。如图3-8所示。

2. 搅拌

将桶内的漆和沉淀物全部搅拌均匀后才可使用。

3. 配比

对于双组分涂料，使用前必须严格按照说明书所规定的比例来混合。双组分涂料一旦混合后，就必须在规定的时间内用完。

4. 熟化

双组分涂料混合搅拌均匀后，需要经过一定的熟化时间才能使用，对此应引起注意，以保证漆膜的性能。

5. 稀释

有的涂料因贮存条件、施工方法、作业环境、气温高低等不同情况的影响，在使用时，有时需用稀释剂来调整黏度。

6. 过滤

过滤是将涂料中可能产生的或混入的固体颗粒、漆皮或其他杂物滤掉，以免这些杂物堵塞喷嘴及影响漆膜的性能和外观。通常可以使用 80～120 目的金属网或尼龙丝筛进行过滤，以达到质量控制的目的。图 3-9 所示为一种钢结构专用漆。

3.3.2 钢结构涂装的涂层结构形式

1. 底漆—中间漆—面漆

底漆附着力强、防锈性能好；中间漆兼有底漆和面漆的性能，是理想的过渡漆，特别是厚浆型的中间漆，可增加涂层厚度；面漆防腐、耐候性好。底、中、面结构形式既发挥了各层的作用，又增强了综合作用，是目前国内、外采用较多的涂层结构形式。钢构件面漆喷涂如图 3-10 所示。

图 3-9　一种钢结构专用漆　　　　图 3-10　钢构件面漆喷涂

2. 底漆—面漆

只发挥了底漆和面漆的作用，明显不如上一种形式。

3. 底漆和面漆采用同一种漆

有机硅漆多用于高温环境，因没有有机硅底漆，只好把面漆也作为底漆用。

3.3.3 钢结构涂装涂层的配套性

（1）由于底漆、中间漆和面漆的性能不同，因此在整个涂层中的作用也不同。底漆主要起附着和防锈作用，面漆主要起防腐蚀作用，中间漆的作用介于两者之间。所以底漆、中间漆和面漆都不能单独使用，要发挥最好的作用和获得最好的效果必须配套使用。

（2）由于各种涂料的溶剂不相同，选用各层涂料时，如配套不当，就容易发生互溶或"咬底"的现象。

（3）面漆的硬度应与底漆基本一致或略低些。

（4）注意各层烘干方式的配套，在涂装烘干型涂料时，底漆的烘干温度（或耐温性）应高于或接近面漆的烘干温度，否则，易产生涂层过于烘干现象。

3.3.4　钢结构涂装涂层厚度的确定

涂层厚度的确定，应考虑钢材表面原始状况、钢材除锈后的表面粗糙度、选用的涂料品种、钢结构使用环境对涂料的腐蚀程度、预想的维护周期和涂装维护的条件。

涂层厚度应根据需要来确定，过厚虽然可以增强防腐力，但附着力和力学性能都要降低；过薄易产生肉眼看不到的针孔和其他缺陷，起不到隔离环境的作用。钢结构涂装涂层厚度，可参考表 3-7 确定。

钢结构涂装涂层厚度（μm）　　　表 3-7

涂料种类	基本涂层和防护涂层					附加涂层
	城镇大气	工业大气	化工大气	海洋大气	高温大气	
醇酸漆	100～150	125～175				25～50
沥青漆			150～210	180～240		30～60
环氧漆			150～200	75～225	150～200	25～50
过氯乙烯漆			160～200			20～40
丙烯酸漆		100～140	120～160	140～180		20～40
聚氨酯漆		100～140	120～150	140～180		20～40
氯化橡胶漆		120～160	140～180	160～200		20～40
氯磺化聚乙烯漆		120～160	140～180	160～200	120～160	20～40
有机硅漆					100～140	20～40

3.3.5　钢构件表面处理

1. 涂装前钢材表面锈蚀等级和除锈等级标准

（1）锈蚀等级。钢材表面分 A、B、C、D 四个锈蚀等级，各等级文字说明如下：

1）A 级为全面覆盖氧化皮而几乎没有铁锈的钢材表面。

2）B 级为已发生锈蚀，并且部分氧化皮已经剥落的钢材表面。

3）C 级为氧化皮已因锈蚀而剥落或可以刮除，并有少量点蚀的钢材表面。

4）D 级为氧化皮已因锈蚀而全面剥离，并且已普遍发生点蚀的钢材表面。

（2）喷射或抛射除锈等级。喷射或抛射除锈分为四个等级，其文字说明如下：

1）Sa1——轻度的喷射或抛射除锈。钢材表面应无可见的油脂或污垢，并且没有附着不牢的氧化皮、铁锈和涂料涂层等附着物。附着物是指焊渣、焊接飞溅物和可溶性盐等。附着不牢是指氧化皮、铁锈和涂料涂层等能以金属腻子刀从钢材表面剥离掉。

2）Sa2——彻底的喷射或抛射除锈。钢材表面无可见的油脂和污垢，并且氧化皮、铁锈等附着物已基本清除，其残留物应是牢固附着的。

3）Sa2.5——非常彻底的喷射或抛射除锈。钢材表面无可见的油脂、污垢、氧化皮、铁锈和涂料涂层等附着物，任何残留的痕迹应仅是点状或条纹状的轻微色斑。

4）Sa3——使钢材表现洁净的喷射或抛射除锈。钢材表面应无可见的油脂、污垢、氧化皮、铁锈和涂料涂层等附着物，该表面应显示均匀的金属光泽。

（3）手工和动力工具除锈等级分 2 个等级。其文字说明如下：

1）St2——彻底的手工和动力工具除锈。钢材表面应无可见的油脂和污垢，并且没有附着不牢的氧化皮、铁锈和涂料涂层等附着物。

2）St3——非常彻底的手工和动力工具除锈。钢材表面应无可见的油脂和污垢，并且没有附着不牢的氧化皮、铁锈和涂料涂层等附着物。除锈应比 St2 更为彻底，底材显露部分的表面应具有金属光泽。

(4) 火焰除锈等级及其文字说明如下：

F1——火焰除锈。钢材表面应无氧化皮、铁锈和涂料涂层等附着物，任何残留的痕迹应仅为表面变色（不同颜色的暗影）。

2. 钢材表面粗糙度

(1) 钢材表面的粗糙度对漆膜的附着力、防腐蚀性能和使用寿命有很大的影响。漆膜附着于钢材表面主要是靠漆膜中的基料分子与金属表面极性基团的范德华引力相互吸引。

(2) 钢材表面在喷射除锈后，随着粗糙度的增大，表面积也会显著增加，在这样的表面上进行涂装，漆膜与金属表面之间的分子引力也会相应增加，使漆膜与钢材表面间的附着力相应提高。以棱角磨料进行的喷射除锈，不仅增加了钢材的表面积，而且还能形成三维状态的几何形状，使漆膜与钢材表面产生机械的咬合作用，更进一步提高了漆膜的附着力和防腐蚀性能，并延长了保护寿命。

(3) 钢材表面合适的粗糙度有利于漆膜保护性能的提高。粗糙度太大，如漆膜用量一定时，则会造成漆膜厚度分布的不均匀，特别是在波峰处的漆膜厚度往往低于设计要求，引起早期的锈蚀；另外，还常常在较深的波谷凹坑内截留住气泡，留下了漆膜起泡的隐患。粗糙度太小，则不利于附着力的提高。所以为了确保漆膜的保护性能，对钢材表面的粗糙度有所限制。对于普通涂料而言，合适的粗糙度范围为 $30 \sim 75 \mu m$，最大粗糙度不宜超过 $100 \mu m$。

(4) 表面粗糙度的大小取决于磨料粒度的大小、形状、材料和喷射的速度、作用时间等工艺参数，其中以磨料粒度的大小对粗糙度影响较大。所以在进行钢材表面处理时必须根据不同的材质、不同的表面处理要求，制定合适的工艺参数，并对质量加以控制。

3. 特殊钢材表面的预处理

镀锌、镀铝、涂防火涂料的钢材表面的预处理应符合以下规定：

（1）外露构件需热浸锌和热喷锌、铝的，除锈等级为Sa2.5～Sa3级，表面粗糙度应达 $30～35\mu m$。

（2）热浸锌构件允许用酸洗除锈，酸洗后必须经 3～4 道水洗，将残留酸完全清洗干净，干燥后方可浸渍。

（3）要求喷涂防火涂料的钢构件除锈，可按设计技术要求进行。

4. 钢材表面处理方法

钢材表面的除锈可按不同的方法分类。按除锈顺序可分为一次除锈和二次除锈；按工艺阶段可分为车间原材料预处理、分段除锈、整体除锈；按除锈方式可分为喷射除锈、动力工具除锈、手工敲铲除锈和酸洗除锈等。

（1）人工除锈方法。金属结构表面的铁锈，可用钢丝刷、钢丝布或粗砂布擦拭，直到露出金属本色，再用棉纱擦净。

（2）喷砂除锈方法。在金属结构量很大的情况下，可选用喷砂除锈。它能去掉铁锈、氧化皮、旧有的油层等杂物。经过喷砂的金属结构，表面变得粗糙又很均匀，对增加涂料的附着力及保证漆层质量有很大的好处。

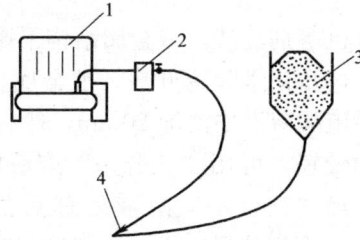

图 3-11　喷砂流程示意图
1—空气压缩机；2—油水
分离器；3—砂斗；4—喷枪

喷砂就是用压缩空气把石英砂通过喷嘴喷射在金属结构表面，靠砂子有力地撞击风管的表面，去掉铁锈、氧化皮等杂物。在工地上使用的喷砂工具较为简单，如图 3-11 所示。

喷砂所用的压缩空气不能含有水分和油脂，所以在空气压缩机的出口处装设油水分离器。压缩空气的压力一般在 0.35～0.4MPa。

喷砂所用的砂粒应当坚硬有棱角，粒度要求为 1.5～2.5mm，除经过筛除去泥土杂质外，还应经过干燥。

喷砂时，应顺气流方向；喷嘴与金属表面一般成 70°～80°夹角；喷嘴与金属表面的距离一般在 100～150mm 之间。喷砂除锈要对金属表面无遗漏地进行。经过喷砂的表面，要达到一致的灰白色。

图 3-12　喷砂除锈

喷砂处理的优点是质量好、效率高、操作简单；但是产生的灰尘太大，施工时应设置简易的通风装置，操作人员应戴防护面罩或风镜和口罩。如图 3-12 所示。

经过喷砂处理后的金属结构表面可用压缩空气进行清扫，然后再用汽油或甲苯等有机溶剂清洗。待金属结构干燥后，就可进行刷涂操作。

（3）化学除锈方法。把金属构件浸入 15%～20% 的稀盐酸或稀硫酸溶液中浸泡 20min，然后用清水洗干净。如果金属表面锈蚀较轻，可用"三合一"溶液同时进行除油、除锈和钝化处理。经"三合一"溶液处理后的金属构件应用热水洗涤2～3min，再用热风吹干，立即进行喷涂。

3.3.6　钢结构涂装基本操作技术

1. 刷防锈漆

采用设计要求的防锈漆在金属结构上满刷一遍。如原来已刷过防锈漆，应检查其有无损坏及有无锈斑。凡有损坏及锈斑处，应将原防锈漆层铲除，用钢丝刷和砂布彻底打磨干净后，再补刷防锈漆一遍。如图 3-13 所示。

采用油基底漆或环氧底漆均匀地涂或喷在金属表面上，施工时将底漆的黏度调到：喷涂为（8～22）×10^{-4} m^2/s，刷涂为（30～50）×10^{-4} m^2/s。

涂底漆一般应在金属结构表面清理完毕后就进行，否则金属表面又会重新氧化生锈。涂刷方法是用油刷上下铺油（开油），横竖交叉地将油刷匀，再把刷迹理平。

底漆以自然干燥居多，使用环氧底漆时也可进行烘烤，质量比自然干燥要好。

图 3-13　刷防锈漆

2. 局部刮腻子

待防锈底漆干透后，将金属表面的砂眼、缺棱、凹坑等处用石膏腻子刮抹平整。石膏腻子配合比（质量比）为：石膏粉∶熟桐油∶油性腻子（或醇酸腻子）∶底漆∶水＝20∶5∶10∶7∶45。

采用油性腻子和快干腻子（配方见表 3-8）。油性腻子一般经过 12～24h 才能全部干燥；而快干腻子干燥较快，并能很好地黏附于所填嵌的表面，因此在部分损坏或凹陷处使用快干腻子可以缩短施工周期。也可用铁红醇酸底漆 50%加光油 50%混合拌匀，并加适量石膏粉和水调成腻子打底。

腻子配方 　　　　　　　　　　　　　　　　　　表 3-8

腻子名称	俗称	配合比	用途及使用方法
油性原漆腻子	油填密	石膏粉∶原漆∶熟桐油∶汽油或松香水＝3∶2∶1∶0.7(或0.6)，酌加少量炭黑、水和催干剂	适用于预先涂有底漆的金属表面不平处作填嵌用

腻子名称	俗称	配合比	用途及使用方法
环氧腻子	自干腻子	是造漆厂的现成产品,从桶内取出即可使用。腻子太稀可酌加石膏粉或铅粉。如果干硬可加光油或二甲苯稀释	用于金属物表面填平,干结后非常坚硬难磨
喷漆腻子	快干腻子	用芯粉或石膏粉加入适量喷漆拌合再加水即成。喷漆:香蕉水:芯粉=1:1:8	用于喷好头道面漆后填补砂眼缺陷

刮涂腻子时,用橡皮刮和钢刮刀先在局部凹陷处填平,一般第一道腻子较厚,因此在拌合时应酌量减少油分,增加石膏粉用量,可一次刮成,不必求得光滑。第二道腻子需要平滑光洁,因而在拌合时可增加油分,腻子调得薄些,每次刮完腻子待其干燥后加以砂磨,抹除灰尘后,涂刷一层底漆,然后再上一层腻子。刮腻子的层数应视金属结构的不同情况而定。金属结构表面一般可刮 2～3 道。

每刮完一道腻子待其干燥后要进行砂磨,头道腻子比较粗糙可用粗铁砂布垫木块砂磨;第二道腻子可用细铁砂或 240 号水砂纸砂磨;最后两道腻子可用 400 号水砂纸仔细地打磨光滑。

3. 喷漆操作

先喷头道底漆,黏度控制在 $(20～30)×10^{-4} m^2/s$,气压为 $0.4～0.5MPa$,喷枪距物面 20～30cm,喷嘴直径以 0.25～0.3cm 为宜。先喷次要面,后喷主要面。干燥后用快干腻子将缺陷及砂眼找补填平;腻子干透后,用水砂纸将刮过腻子的部分和涂层全部打磨一遍,擦净灰迹待其干燥后再喷面漆,黏度控制在 $(18～22)×10^{-4} m^2/s$。喷涂底漆和面漆的层数要根据产品的要求而定。面漆一般可喷 2～3 道,要求高的物件(如轿车)可喷 4～5 道。每次都要用水砂纸打磨,越到面层要求水砂纸越细,质量越高。如需增加面漆的亮度,可在漆料中加入硝基清漆(加入量不超过 20%),调到适当黏度 $(15×10^{-4} m^2/s)$ 后喷 1～2 遍。

凡采用喷涂施工的漆，使用时必须掺加相应的稀释剂或相应的稀料，掺量以能顺利喷出成雾状为准（一般为漆重的 1 倍左右）。应过 0.125mm 孔径筛清除杂质。一个工作面或一项工程上所用的漆量宜一次配够。

喷漆应注意以下事项：

（1）在进行喷漆施工时应注意通风、防潮、防火。工作环境及喷漆工具应保持清洁，气泵压力应控制在 0.6MPa 以内，并应检查安全阀是否失灵。

（2）在喷大型工件时可采用电动喷漆枪或用静电喷漆。如图 3-14 所示。

图 3-14　喷防锈漆

（3）使用氨基醇酸烘漆时要进行烘烤，物件在工作室内喷好后应先放在室温中流平 15～30min，然后再放入烘箱。先用 60℃ 低温烘烤 0.5h 后，再按预定的烘烤温度（一般在 120℃ 左右）进行恒温烘烤 1.5h，最后降温至工件干燥出箱。

4. 涂刷操作

涂刷必须按设计和规定的层数进行。涂刷的主要目的是保护金属结构的表面经久耐用，所以必须保证涂刷层数及厚度，这样才能消除涂层中的孔隙，以抵抗外来的侵蚀，达到防腐和保养的目的。

（1）涂刷第一遍漆应符合下列规定：

1）分别选用带色铅油或带色调合漆、磁漆涂刷，但此遍漆应适当掺加配套的稀释剂或稀料，以达到盖底、不流淌、不显刷迹。冬季施工宜适当加些催干剂（铅油用铅、锰催干剂），掺量为 2%～5%（质量比）；磁漆等可用钴催干剂，掺量一般小于 0.5%。涂刷时厚度应一致，不得漏刷。

2）复补腻子：如果设计要求有此工序时，将前面数遍腻子的干缩裂缝或残缺不足处，再用带色腻子局部复补一次，复补腻子与第一遍漆色相同。

3）磨光：如设计有此工序（中、高级漆），宜用1号以下细砂布打磨，用力应轻而匀，注意不要磨穿漆膜。

（2）涂刷第二遍漆应符合下列规定：

1）如为普通漆，为最后一层面漆。应用原装漆（铅油或调合漆）涂刷，但不宜掺催干剂。

2）磨光：设计要求有此工序（中、高级漆）时，与上相同。

3）潮湿抹布擦净：用干净潮湿的抹布将已磨光的漆面擦拭干净，注意抹布上的细小纤维不要沾到漆面上。

5. 漆膜质量检查

漆膜质量的好坏，与涂漆前的准备工作和施工方法等有关。涂料品种多，使用方法也不完全一样，使用时有的需按比例混合，有的需加入固化剂等。因此，使用涂料的组成、性能等必须符合设计要求，并且要注意涂料不能乱混合，不能把不同型号的产品混在一起。即使是同一型号的产品，但是属不同厂家生产的，也不宜彼此互混。

色漆在使用时应搅拌均匀。因为任何色漆在存放中，颜料和粉质颜料多少都有些沉淀，如有碎皮或其他杂物，必须清除后方可使用。若色漆不搅匀，不仅使涂漆工件颜色不一，而且影响遮盖力和漆膜的性能。根据所选涂漆方法的具体要求，加入与涂料配套的稀释剂，调配到合适的施工浓度。已调配好的涂料，应在其容器上写明名称、用途、颜色等，以防拿错。涂料开桶后，需密封保存，且不宜久存。

涂漆施工的环境要求随所用涂料的不同而有差异。一般要求施工环境温度不低于5℃，空气相对湿度不大于85%。温度过低会使涂料黏度增大，涂刷不易均匀，漆膜不易干燥；空气相对湿度过大，易使水汽包在涂层内部，漆膜容易剥落。故不应在雨、雾、雪天进行室外施工。室内施工应尽量避免与其他工种同时作业，以免灰尘落在漆膜表面影响质量。

涂料施工时，应先进行试涂。每涂覆一道，应进行检查，发现不符合质量要求的（如漏涂、剥落、起泡、返锈等缺陷），应用砂纸打磨，然后补涂。

明装系统的最后一道面漆，宜在安装后喷涂，这样可保证外表美观，颜色一致，无碰撞、脱漆、损坏等现象。

漆膜外观要求：应使漆膜均匀，不得有堆积、漏涂、皱皮、起泡、掺杂及混色等缺陷。

6. 漆厚标准

涂料的涂刷厚度应符合设计要求。如设计无要求时，一般涂刷 4～5 遍。漆膜总厚度：室外为 $125～175\mu m$，室内为 $100～150\mu m$。配制好的涂料不宜存放过久，使用时不得添加稀释剂。《钢结构工程施工质量验收规范》GB 50205—2001 规定的涂刷厚度与国外涂层厚度相比还有一定差距，如德国 DIN 标准对涂底层厚度的规定，见表 3-9。

德国涂底层厚度标准（DIN）　　　　　　表 3-9

层次	涂铅丹质量（g/m^2）	涂层厚度（μm）
第一层底漆	喷涂 250	喷涂 40
	刷涂 200	刷涂 50
第二层底漆	喷涂 230	喷涂 40
	刷涂 200	刷涂 50

7. 应注意的质量问题

（1）漆的油膜可以将金属表面和周围介质隔开，起保护金属不受腐蚀的作用。油膜应该连续无孔，无漏涂、起泡、露底等现象。因此，漆的稠度既不能过大也不能过小，稠度过大不但浪费漆，还会产生脱落、卷皮等现象；稠度过小会产生漏涂、起泡、露底等现象。

消除方法：按上述产生原因纠正。

（2）在涂刷第二层防锈底漆时，第一层防锈底漆必须彻底干燥，否则会产生漆层脱落。

消除方法：按上述产生原因纠正。

（3）注意漆流挂。在垂直表面上涂漆，部分漆液在重力作用下会产生流挂现象，这是由于漆的黏度大、涂层厚，漆刷的毛头长而软，涂刷不开，或是掺入的稀释剂干性慢造成的。此外，喷漆施工不当也会造成流挂。

消除方法：除了选择适当厚度的漆料和干性较快的稀释剂外，在操作时应做到少蘸油、勤蘸油、刷均匀、多检查、多理顺。漆刷应选得硬一点。喷漆时，喷枪喷嘴直径不宜过大，喷枪距物面不能过近，压力大小要均匀。

（4）注意漆皱纹。漆膜干燥后表面出现不平滑、收缩成皱纹的现象。其原因是漆膜刷得过厚或刷油不匀；干性快和干性慢的漆掺和使用或是催干剂加得过多，产生外层干、里层湿的情况；有时涂漆后在烈日下暴晒或骤热骤冷以及底漆未干透，也会造成皱皮。

消除方法：按上述产生原因纠正。

（5）注意漆发黏。漆超过一定的干燥期限仍然有粘指现象，其原因是底层处理不当，物体上沾有油脂、松脂、蜡、酸、碱、盐、肥皂等残迹。此外，底漆未干透便涂面漆（树脂漆例外）或加入过多的催干剂和不干性油，物面过潮、气温太低或不通气等都会影响漆膜的干结时间；有时漆料贮藏过久也会发黏。

消除方法：按上述产生原因纠正。

（6）注意漆膜粗糙。漆膜干燥后用手摸似有痱子颗粒感觉。其原因是施工时灰尘沾在漆面上，漆料中有污物、漆皮等未经过滤；漆刷上有残漆的颗粒和砂子，喷漆时工具不洁或是喷枪距物面太远、气压过大等都会使漆膜粗糙。

消除方法：搞好环境卫生和使用清洁的工具，漆料要经过滤，改善喷漆施工方法。

（7）注意漆脱皮。漆膜干燥后发生局部脱皮，甚至整张揭皮现象。其原因是漆料质量低劣；漆内含松香成分太多或稀释过薄使油分减少；物面沾有油脂、蜡脂、水汽等或底层未干透（如墙面）就涂面漆；物面太光滑（如玻璃、塑料）没有进行粗糙处理等也会造成脱皮。

消除方法：除针对上述原因进行处理外，金属制品最好进行磷化处理。

（8）注意漆露底。经涂刷后透露底层颜色。其原因是漆料的颜料用量不足，遮盖力不好，或掺入过量的稀释剂；此外漆料有沉淀未经搅拌就使用。

消除方法：应选择遮盖力较好的漆料，在使用前漆料要经充分搅拌，一般不要掺加稀释剂。

（9）注意漆膜出现气泡、针孔。漆膜上出现圆形小圈，如针刺的小孔。一般是以清漆或颜料含量比较低的磁漆，用浸渍、喷涂或滚涂法施工时容易出现。主要原因是有气泡存在，颜料的湿润性不佳，或者是漆膜的厚度太薄，所用稀释料不佳，含有水分，挥发不平衡；喷涂方法不善。此外，烘漆初期结膜时受高温烘烤，溶剂急剧回旋挥发，漆膜本身及时补足空挡而形成小穴、出现针孔。

消除方法：针对上述不同的原因采取相应的处理办法。喷漆时要注意施工方法和选择适当的溶剂来调整挥发速度，烘漆时要注意烘烤温度，工件进入烘箱不能太早，沥青漆不能用汽油稀释。

3.4 钢构件防腐涂料施工

3.4.1 过氯乙烯漆简介及施工要点

1. 过氯乙烯漆简介

（1）过氯乙烯漆以过氯乙烯树脂、醇酸树脂、增韧剂、颜料及稳定剂等溶于有机溶剂中配制而成，具有良好的耐无机酸、碱、盐类以及耐醇、耐油、耐盐雾、防燃烧等性能，但不耐高温。最高使用温度为 60～70℃，不耐磨与冲击，附着力差，要用粘结力较好的底漆打底。

适于作化工金属贮槽、管道和设备表面的防腐蚀涂料。

（2）过氯乙烯漆分底漆、磁漆和清漆，其常用品种的质量要求、性能及用途见表 3-10。底漆、磁漆、清漆必须配套使用。

过氯乙烯漆常用品种的质量要求、性能及用途　表 3-10

涂料名称	技术指标				性能及用途
	漆膜颜色及外观	黏度(涂-4黏度计,25℃)(×10⁻⁴ m²/s)	干燥时间(25±1)℃相对湿度(65±5)%(h)	附着力(级)	
G07-3 各色过氯乙烯腻子	色调不规定,腻子膜应平整,无明显粗粒	—	≤3	—	耐候、防潮、防霉性比油性腻子好,干燥较快。用于填平过氯乙烯底漆的钢材表面
G06-4 铁红过氯乙烯底漆	铁红,色调不规定,漆膜平整,无粗粒	60～140	—	≤2	有较好的耐腐蚀性能及一定的附着力。用于钢材表面打底
G52-31 各色过氯乙烯防腐漆	符合标准样板及色差范围要求,漆膜平整光亮	30～75	—	≤3	有优良的耐腐蚀性能,防霉和防潮性均较好。与过氯乙烯底漆配套用于钢铁表面上
G52-1 过氯乙烯防腐清漆	浅黄色透明溶液,无显著机械杂质	20～50	—	—	有优良的耐腐蚀性能,并能防霉、防潮、防水,但附着力差。用于设备、管道防腐
X08-1 各色乙酸乙烯无光乳胶漆	符合标准样板及色差范围要求,平整无光	15～45(加20%的水测定)	≤2	—	附着力较好,耐碱,对基层干燥要求不高,干燥快,可用水稀释
G06-1 铁红醇酸底漆	漆膜平整无光,色调不规定	60～120	≤24	—	有较好的附着力和防锈能力,在湿热条件下耐久性差。用于作防锈底漆
H06-2 铁红环氧底漆	铁红,色调不规定,漆膜平整	50～70	≤36	≤1	漆膜坚韧耐久,附着力好。可用于湿热地带,作钢铁表面打底
X06-1 乙烯基磷化底漆	黄绿色半透明	30～70(未加磷化液前)	—	≤1	供增强附着力用,能代替钢铁磷化处理,但不能代替配套底漆

（3）涂覆层数一般不少于6层，在金属基层上为：磷化底漆一层、底漆一层、磁漆两层、磁漆过渡漆一层、清漆两层。底漆与磁漆或磁漆与清漆间的过渡漆均由两种漆按1：1混合。

2. 过氯乙烯漆施工要点

（1）刷（喷）涂前，须先用过氯乙烯清漆打底，然后再涂过氯乙烯底漆；在金属基层上，当用人工除锈时，宜用铁红醇酸底漆或铁红环氧底漆打底；当用喷砂处理时，应先涂一层乙烯基磁化底漆打底，再用过氯乙烯底漆打底，底漆实干后，再依次进行各层涂刷。

（2）施工黏度（涂-4 黏度计，下同）：刷涂时，底漆为 $(30\sim40)\times10^{-4}\,m^2/s$，磁漆、清漆、过渡漆为 $(20\sim40)\times10^{-4}\,m^2/s$；喷涂时为 $(15\sim30)\times10^{-4}\,m^2/s$。黏度调整用 X-3 过氯乙烯稀释剂，严禁用醇类或汽油。若采用铁红醇酸底漆，稀释剂可用二甲苯或松节油。磁化底漆可用丁醇和乙醇 $[(1\sim3)：1]$ 稀释剂调整。

（3）每层过氯乙烯漆（底漆除外）应在前一层漆实干前涂覆（均干燥2～3h），宜连续施工，如漆膜已实干应先用 X-3 过氯乙烯漆稀释剂喷润或揩涂一遍，手工涂刷要一上一下刷两下，手轻动作快，不应往复进行，全部施工完毕后应在常温下干燥7d方可使用。

3.4.2 酚醛漆简介及施工要点

1. 酚醛漆简介

（1）酚醛漆是由短油度酚醛漆料与耐酸颜料经研磨后加入催干剂调制而成，具有良好的电绝缘性、抗水性、耐油性和较好的耐腐蚀性，使用温度可达120℃，但漆膜较脆，与金属附着力较差，贮存期短，使用期3个月。如图3-15所示。

图3-15 一种酚醛防锈漆

（2）酚醛漆品种及其配套底漆有 F53-31 红丹酚醛防锈漆、F50-31 各色酚醛耐酸漆、F01-1 酚醛清漆、F06-8 铁红酚醛底漆和 T07-2 灰酯胶腻子等，其质量要求见表 3-11。

酚醛漆及其配套底漆的质量要求　　　　表 3-11

涂料名称	技术指标				性能及用途
	漆膜颜色及外观	黏度(涂-4黏度计,25℃)(×10⁻⁴ m²/s)	干燥时间(25±1)℃,相对湿度(65±5)%(h)	附着力(级)	
F06-8 铁红酚醛底漆	铁红,色调不规定,漆膜平整	60～100	≤24	≤1	有良好的附着力和防锈性能。适用于钢铁表面
F53-31 红丹酚醛防锈漆	橘红,漆膜平整,允许略有刷痕	40～80	≤24	—	防锈性能好。适用于钢铁表面防锈打底
F50-31 各色酚醛耐酸漆	符合标准范围要求,漆膜平滑均匀	90～120	≤14	—	干燥较快,有一定的耐酸性。用于酸性气体侵蚀场所的金属表面
F01-1 酚醛清漆	透明液体	60～90	≤18	—	有良好的耐酸和耐候性。漆膜较硬,能耐沸水
T07-2 灰酯胶腻子	灰色,色调不规定,涂刮后腻子应平整,无明显粗粒、擦痕、气泡,干燥后无裂纹	—	≤24	—	成膜性能较好,可自然干燥,易打磨。用于填平钢铁表面

（3）填料有瓷粉、辉绿岩粉、石墨粉、石英粉等，细度要求 4900 孔/cm² 筛余不大于 15%，使用时须干燥。

（4）常用稀释剂有溶剂汽油、松节油、乙醇、丙酮或苯等。

2. 酚醛漆施工要点

（1）涂覆方法有刷涂、喷涂、浸涂和真空浸渍等，一般采用刷涂法。

（2）金属基层可直接用红丹酚醛防锈漆或铁红酚醛底漆打底，或不用底漆而直接涂刷酚醛耐酸漆。

（3）底漆实干后，再涂刷其余各遍漆，涂刷层数一般不少于3层，涂刷的施工黏度为（30～50）×10^{-4}m²/s，每层漆应在前一层漆实干后涂刷，施工间隔一般为24h。

3.4.3 环氧漆简介及施工要点

1. 环氧漆简介

（1）环氧漆由环氧树脂、有机溶剂、颜料、填料与增韧剂配制而成。环氧沥青漆由环氧树脂、焦油沥青、颜料、填料及溶剂配制而成。在使用时，均需另加入一定量的固化剂（间苯二胺或乙二胺）。具有良好的耐酸、碱、盐类及耐水、耐磨性能，韧性和硬度好，附着力强，使用温度为－40～100℃，但耐候性差，易粉化，不宜在室外使用。多用于金属、地下管线的防腐。

（2）常用的环氧漆有 H06-2 铁红环氧底漆、环氧沥青底漆、H52-33 各色环氧防腐漆、H01-1 环氧清漆、H01-4 环氧沥青漆以及 H07-5 各色环氧酯腻子等。环氧漆也可自配，配合比为6101 环氧树脂：乙二胺：邻苯二甲酸二丁酯：丙酮（或乙醇）：填料＝100：（6～8）：10：（20～30）：（25～30），其质量要求见表 3-12。

环氧漆及其配套底漆的质量要求　　　　表 3-12

涂料名称	技术指标				性能及用途
	漆膜颜色及外观	黏度（涂-4黏度计，25℃）（×10^{-4} m²/s）	干燥时间（25±1）℃，相对湿度（65±5）％(h)	附着力（级）	
H07-5 各色环氧酯腻子	色调不规定，涂刮后腻子层应平整，无明显粗粒，无擦痕，无气泡，干燥后无裂纹	—	≤24	—	漆膜坚硬，耐潮性好，与底漆有良好的附着力，可供预先涂有底漆的金属表面填平用。铁红色为烘干，淡灰色为自干

涂料名称	技术指标				性能及用途
	漆膜颜色及外观	黏度(涂—4黏度计,25℃)(×10⁻⁴ m²/s)	干燥时间(25±1)℃,相对湿度(65±5)%(h)	附着力(级)	
H06-2 铁红环氧底漆	铁红,色调不规定,漆膜平整	50~70	≤36	≤1	漆膜坚韧耐久,附着力好,与磷化底漆配套使用时可提高漆膜防潮、防盐雾、防锈性能。可用于沿海地区湿热地带。适用于黑色金属表面打底
H06-1 云铁环氧沥青底漆(分装)	红褐色,色调不规定,平光	—	≤24	≤2	漆膜坚韧耐久,附着力好,防锈性能强,适用于钢铁表面打底
H52-33 各色环氧防腐漆(分装)	奶白、灰色、黑色,近似标准样板,无可见的粗粒	30(用80g涂料,20g二甲苯测定)	≤24	—	附着力好,耐盐水性能良好,有一定的耐溶剂和耐碱性,漆膜坚韧耐久,常温干燥,适用于大型钢铁结构防腐涂料
H01-1 环氧清漆(分装)	透明,无机械杂质	60~90	≤24	—	有良好的附着力,有较好的耐水、抗潮性,常温干燥。可用于铝、镁等金属打底
H01-4 环氧沥青漆(分装)	黑色光亮	40~100	≤24	≤3	有很好的耐水性,附着力好,一次可涂较厚的涂层,能常温干燥

（3）填料采用石墨粉、石英粉、辉绿岩粉、瓷粉，细度要求4900孔/cm²，筛余不大于15%。

（4）配制方法与环氧树脂胶泥配制方法相同。环氧漆为双组分，使用时应随用随配。

2. 环氧漆施工要点

（1）施工采用刷涂或喷涂法。施工黏度：刷涂时为（30～40）×10^{-4} m^2/s；喷涂时为（18～25）×10^{-4} m^2/s。调整黏度：环氧酯底漆、环氧漆用环氧稀释剂（二甲苯：丁醇＝7：3），环氧沥青漆用环氧沥青漆稀释剂（甲苯：丁醇：环己酮二氯化苯＝79：7：7）。

（2）金属基层直接用环氧底漆或环氧沥青底漆打底。底漆实干后，再涂刷其他各层漆。

（3）环氧漆的涂漆层数一般不少于4层，每层在前一层实干前涂覆，间隔约6～8h，最后一层在常温下干燥7d后方可使用。

3.4.4 聚氨酯漆简介及施工要点

1. 聚氨酯漆简介

（1）聚氨酯漆是以甲苯二异氨酸酯为主要成分制成的配套涂料，具有良好的耐酸、耐碱、耐油、耐磨、耐潮和电绝缘性能，漆膜韧性好，附着力强，常温干燥快，光泽度好，最高耐热度可达155℃，但耐候性差。

适用于各种基层表面涂覆，不适用于室外防腐工程，棕黄色底漆仅用于金属表面。

（2）聚氨酯漆为配套用漆，可与底漆、磁漆、清漆配套使用，使用时按规定的组分配制。包括S07-1聚氨酯腻子、S06-2铁红聚氨酯底漆、S06-2棕黄聚氨酯底漆、S04-4灰聚氨酯底漆、S01-2聚氨酯清漆，其质量要求见表3-13。配制时，按组分计量，依次加入充分搅匀即可使用。配好的漆应在3～5h内用完。

聚氨酯漆配套组分及质量要求　　　　　　表3-13

涂料名称	组分号数				技术指标		
	组分一	组分二	组分三	组分四	漆膜颜色及外观	干燥时间(25±1)℃,相对湿度(65±5)%(h)	附着力(级)
S06-2 铁红聚氨酯底漆(分装)	预聚物	E42铁红环氧浆	二甲基乙醇胺	—	铁红,漆膜平整	≤24	≤2

続表

涂料名称	组分号数				技术指标		
	组分一	组分二	组分三	组分四	漆膜颜色及外观	干燥时间(25±1)℃,相对湿度(65±5)%(h)	附着力(级)
S06-2 棕黄聚氨酯底漆(分装)	预聚物	E42棕黄环氧浆	二甲基乙醇胺	—	棕黄,漆膜平整	≤24	≤2
S04-4 灰聚氨酯底漆(分装)	预聚物	E42灰环氧浆	二甲基乙醇胺	—	灰色,漆膜平整光亮	≤24	≤2
S01-2 聚氨酯清漆(分装)	314蓖麻油预聚物	E42环氧液	二甲基乙醇胺	—	黄色或棕色,漆膜透明	≤24	≤2
聚氨酯腻子	315蓖麻油预聚物	E42环氧液	二甲基乙醇胺	腻子填料	—	—	—

2. 聚氨酯漆施工要点

(1) 金属基层直接用棕黄聚氨酯底漆打底,再涂过渡漆和清漆。过渡漆用S06-2底漆和S04-4磁漆按1:1配合。

(2) 当为金属基层时,一般涂刷4~5层,即一层棕黄底漆,一层过渡漆,2~3层清漆。

(3) 施工宜采用涂刷法,施工黏度为 $(30\sim50)\times10^{-4}$ m^2/s,黏度过大时用X-11聚氨酯稀释剂或二甲苯调整,每层漆在前一层漆实干前涂覆,常温间隔一般为8~20h。全部刷完养护7d后交付使用。

3.4.5 沥青防腐漆简介及施工要点

1. 沥青防腐漆简介

(1) 沥青防腐漆系用石油沥青和干性油溶于有机溶剂配制而成,具有干燥快、耐水性强、附着力强、原料易得、价格低等优点,耐热度在60℃以下。

用于腐蚀程度较轻的设备、管道、金属、混凝土及木制构件表面涂覆,防止工业气体、酸(碱)性土体、水的腐蚀。

（2）常用沥青漆有 L50-1 沥青耐酸漆、L01-6 沥青清漆、铝粉沥青漆、F53-31 红丹酚醛防锈漆、C06-1 铁红醇酸底漆等，其质量要求见表 3-14。现场亦可自行配制，配合比为：10 号石油沥青：松香：松节油：白节油：熟桐油：催干剂（二氧化锰）＝23.2：2.5：23：24：27：0.3。配制时，先将沥青加热熔化脱水，然后依次加入附加材料调匀，最后加入催干剂拌匀即成。

沥青漆及其配套底漆的质量要求　　　表 3-14

涂料名称	技术指标				性能及用途
	漆膜颜色及外观	黏度（涂-4黏度计,25℃）（×10⁻⁴m²/s）	干燥时间（25±1）℃，相对湿度（65±5）%（h）	附着力（级）	
L50-1 沥青耐酸漆	黑色,漆膜平整光滑	50～80	≤24	—	常温干燥，具有良好的耐酸性能，特别能耐硫酸腐蚀，并有良好的附着力
L01-6 沥青清漆	黑色,漆膜平整光滑	20～30	≤2	≤2	具有良好的耐水、耐腐蚀、防潮性能,但力学性能较差,耐候性不好,不能用于户外或阳光直射的表面,主要用于容器或金属机械表面
F53-31 红丹酚醛防锈漆	橘红,漆面平整,允许略有刷痕	40～80	≤24	—	防锈性能好,用于钢铁结构及钢铁器材表面防锈打底。因红丹与铝等起电化学作用,故不能在铝、锌与镀锌铁皮上直接涂刷,否则易起皮脱落
C06-1 铁红醇酸底漆	漆膜平整无光,色调不规定	60～120	≤24	≤1	附着力和防锈性能较好,与醇酸、过氯乙烯漆结合力好,一般气候下耐久性好,湿热条件下耐久性差。作防锈底漆用

涂料名称	技术指标				性能及用途
	漆膜颜色及外观	黏度(涂-4黏度计,25℃)(×10⁻⁴m²/s)	干燥时间(25±1)℃,相对湿度(65%±5)%(h)	附着力(级)	
T07 灰酯胶腻子	灰色,色调不规定,涂刮后腻子层应平整,无明显粗粒,无擦痕,无气泡,干燥后无裂纹	—	≤24	—	涂膜性能比石膏腻子好,但次于醇酸腻子和环氧腻子,涂刮性能较好,可自然干燥,易于打磨。用于填平钢铁表面

图 3-16 沥青防腐漆施工

2. 沥青防腐漆施工要点

（1）施工应采用刷涂法，不宜采用喷涂法（见图3-16）。

（2）金属基层刷1～2遍铁红醇酸底漆或红丹防锈漆打底，亦可不刷底漆，直接涂刷沥青耐酸漆。

（3）施工黏度为（18～50)×10⁻⁴m²/s，过黏时可加入 200 号溶剂汽油或二甲苯稀释。

（4）涂刷遍数一般不少于两遍，每遍间隔24h，全部涂刷完毕经24～48h 干燥后，方可使用。

3.5 钢构件防火涂料施工

3.5.1 防火涂料简介

1. 厚涂型钢结构防火涂料

所谓厚涂型钢结构防火涂料是指涂层厚度在 8～50mm 的涂料，这类钢结构防火涂料的耐火极限可达 0.5～3h。在火灾中涂层不膨胀，依靠材料的不燃性、低导热性或涂层中材料的吸热性，延缓钢材的温升，保护钢构件。这类钢结构防火涂料是用合适的胶粘剂配以无机轻质材料、增强材料组成。与其他类型的钢结构防火涂料相比，它除了具有水溶性防火涂料的一些优点之外，由于它从基料到大多数添加剂都是无机物，因此它还具有成本低廉这一突出特点。该类钢结构防火涂料施工采用喷涂法，多应用在耐火极限要求在 2h 以上的室内钢结构上。但这类产品由于涂层厚，所以外观装饰性相对较差。

2. 薄涂型钢结构防火涂料

一般来讲，涂层使用厚度在 3～7mm 的钢结构防火涂料称为薄涂型钢结构防火涂料。该类涂料受火时能膨胀发泡，以膨胀发泡所形成的耐火隔热层延缓钢材的温升，保护钢构件。这类钢结构防火涂料一般是用合适的乳胶聚合物作基料，再配以阻燃剂、添加剂等组成。对于这种类型防火涂料，要求选用的乳液聚合物必须对钢基材有良好的附着力，耐久性和耐水性好。常用作这类防火涂料基料的乳液聚合物有苯乙烯改性的丙烯酸乳液、聚乙酸乙烯乳液、偏氯乙烯乳液等。对于用水性乳胶作基料的防火涂料，阻燃添加剂、颜料及填料是分散在水中的，因而水实际上起分散载体的作用，为了使各种添加剂（粉末状）能更好地分散，还加入了分散剂，如常用的六偏磷酸钠等。该类钢结构防火涂料的生产过程一般都分为三步：第一步先将各种阻燃添加剂分散在水中，然后研磨成规定细度的浆料；第二步用基料（乳液）进行配漆；第三步在浆料中配以无机轻质材料、增强材料等搅拌均匀。该涂料一般分为底层（隔热层）和面层（装饰层），其装饰性比厚涂型好，施工采用喷涂法，一般使用在耐火极限要求不超过 2h 的建筑钢结构上。

3. 超薄型钢结构防火涂料

超薄型钢结构防火涂料是指涂层厚度不超过 3mm 的钢结构防火涂料，这类钢结构防火涂料受火时膨胀发泡，形成致密的防火隔热层，是近几年发展起来的新品种。它可以采用喷涂、刷涂或滚涂法施工，一般使用在耐火极限要求不超过 2h 的建筑钢结构上。与厚涂型和薄涂型钢结构防火涂料相比，超薄型钢结构防火涂料黏度更小、涂层更薄、施工方便、装饰性更好。在满足防火要求的同时又能满足高装饰性要求，特别是对裸露的钢结构，这类涂料是目前备受用户青睐的钢结构防火涂料。公安部消防科研所研制出的"SCB"（溶剂型）和"SCA"（水溶型）超薄型钢结构防火涂料，涂层厚度分别为 2.69mm 和 1.6mm，耐火极限分别为 147min 和 63min；"LF"（溶剂型）和"L6"（溶剂型）超薄型钢结构防火涂料，涂层厚度分别为 2mm 和 3mm，耐火极限均为 94min。

4. 饰面型防火涂料

饰面型防火涂料是一种集装饰和防火为一体的新型涂料品种，当它涂覆于可燃基材上时，平时可起一定的装饰作用；一旦火灾发生时，则具有阻止火势蔓延的作用，从而达到保护可燃基材的目的。

饰面型防火涂料，若以溶剂类型来分，可分为溶剂型和水溶型两类，两类涂料所选用的防火组分基本相同，因此很难说它们的防火性能有多大的差别。其选用的溶剂依据采用的成膜物质而定。溶剂型防火涂料的成膜物质一般选用氯化橡胶、过氯乙烯、氨基树脂、酚醛树脂等，采用的溶剂为 200 号溶剂汽油、香蕉水、乙酸丁酯等。水溶型防火涂料的成膜物质一般选用氯乙烯-偏二氯乙烯乳液、苯-丙乳液、丙烯酸乳液、聚乙酸乙烯乳液等，这些材料均以水为溶剂。这两类涂料性能上的差别主要在于涂料的理化性能以及耐候性能，溶剂型防火涂料这两方面的性能都优于水溶型防火涂料。

透明防火涂料是近几年发展起来并趋于成熟的一类饰面型防火涂料，产品广泛用于宾馆、医院、剧场、计算机房等木结构的装修，以及各种高层建筑和古建筑的装饰和防火保护。

3.5.2 防火涂料施工

1. 防火涂料施工要求

（1）钢结构防火涂料的生产厂家、检验机构、涂装施工单位均应具有相应资质，并通过公安消防部门的认证。

（2）钢结构表面的杂物应清除干净，其连接处的缝隙应用防火涂料或其他防火材料填补堵平后，方可施工。

（3）防火涂料施工应在室内装修之前和不被后续工程所损坏的条件下进行。施工时，对不需作防火保护的部位应进行遮蔽保护，刚施工的涂层，应防止脏液污染和机械撞击。

（4）施工过程中和涂层干燥固化前，环境温度宜保持在 5～38℃，相对湿度不宜大于 90%，空气应流通。当风速大于 5m/s 或雨天或构件表面有结露时，不宜作业。

（5）防火涂料中的底层和面层涂料应相互配套，底层涂料不得腐蚀钢材。

（6）底涂层喷涂前应检查钢结构表面除锈是否满足要求，尘土杂物是否已清除干净。底涂层一般喷 2～3 遍，每遍厚度控制在 2.5mm 以内，视天气情况，每隔 8～24h 喷涂一次，必须在前一遍基本干燥后喷涂。喷涂时，喷嘴应与钢材表面保持垂直，喷口至钢材表面距离以保持在 40～60cm 为宜。喷涂时操作人员要随身携带测厚计检查涂层厚度，直到达到设计规定厚度方可停止喷涂。若设计要求涂层表面平整光滑时，待喷完最后一遍后应用抹灰刀将表面抹平。

（7）对于重大工程，应进行防火涂料的抽样检验。每使用 100t 薄涂型钢结构防火涂料，应抽样检查一次粘结强度；每使用 500t 厚涂型钢结构防火涂料，应抽样检测一次粘结强度和抗压强度。

（8）薄涂型面涂层施工时，底涂层厚度要符合设计要求，并已基本干燥；面涂层一般涂 1～2 次，颜色应符合设计要求，并应全部覆盖底层，颜色均匀、轮廓清晰、搭接平整；涂层表面无浮浆或裂纹的宽度不应大于 0.5mm。

（9）厚涂型钢结构防火涂料宜采用压送式喷涂机喷涂，空气压力为 0.4～0.6MPa，喷枪口直径宜为 6～10mm。厚涂型钢结构防火涂料配料时应严格按配合比加料或加稀释剂，并使稠度适当。当班使用的涂料应当班配制。

（10）厚涂型钢结构防火涂料施工时应分遍喷涂，每遍喷涂厚度宜为 5～10mm，必须在前一遍基本干燥或固化后，再喷涂第二遍；喷涂保护方式、喷涂遍数与涂层厚度应根据施工工艺要求确定。操作者应用测厚仪随时检测涂层厚度，80％及以上面积的涂层总厚度应符合有关耐火极限的设计要求，且最薄处厚度不应低于设计要求的 85％。厚涂型钢结构防火涂料喷涂后的涂层，应剔除乳突，表面应均匀平整。

（11）厚涂型钢结构防火涂层出现涂层干燥固化不好，粘结不牢或粉化、空鼓、脱落，钢结构的接头、转角处的涂层有明显凹陷，涂层表面有浮浆或裂缝宽度大于 1.0mm 等情况之一时，应铲除涂层重新喷涂。

图 3-17 为防火涂料施工效果。

图 3-17　防火涂料施工效果

2. 防火涂料涂装操作

（1）防火涂料配料、搅拌

粉状涂料应随用随配。搅拌时先将涂料倒入混合机加水拌合 2min 后，再加胶粘剂及钢防胶充分搅拌 5～8min，使稠度达到可喷程度。

（2）喷涂

1）正式喷涂前，应试喷一建筑层（段），经消防部门、质量监督站核验合格后，再大面积作业。

2）喷涂时喷枪要垂直于被喷钢构件，距离以 6～10cm 为宜，喷涂气压应保持在 0.4～0.6MPa，喷完后进行自检，厚度不够的部分再补喷一次。

3）施工环境温度低于 5℃时不得施工，应采取外围封闭、加温措施，施工前后 48h 保持 5℃以上为宜。

108

（3）涂装施工要点

1）涂漆前应对基层进行彻底清理，并保持干燥，在不超过8h内，尽快涂头道底漆。

2）涂刷底漆时，应根据面积大小选用适宜的涂刷方法。不论采用喷涂法还是手工涂刷法，其涂刷顺序均为：先上后下、先难后易、先左后右、先内后外。保持厚度均匀一致，以不漏涂、不流坠为好。待第一遍底漆充分干燥后（干燥时间一般不少于48h），用砂布、水砂纸打磨后，除去表面浮漆粉再刷第二遍底漆。

3）涂刷面漆时，应按设计要求的颜色和品种进行涂刷，涂刷方法与底漆涂刷方法相同。对于前一遍漆表面上留有的砂粒、漆皮等，应用铲刀刮去。当前一遍漆表面过分光滑或干燥后停留时间过长（如两遍漆之间超过7d）时，为了防止离层，应将漆面打磨清理后再涂漆。

4）应正确配套使用稀释剂。当漆黏度过大需用稀释剂稀释时，应正确控制稀释剂用量，以防掺用过多，导致涂料内固体含量下降，使得漆膜厚度和密实性不足，影响涂层质量。同时应注意稀释剂与漆之间的配套问题，油基漆、酚醛漆、长油度醇酸漆、防锈漆等用松香水（即200号溶剂汽油）、松节油；中油度醇酸漆用松香水与二甲苯1：1（质量比）的混合溶剂；短油度醇酸漆用二甲苯调配；过氯乙烯采用溶剂性强的甲苯、丙酮来调配。如果错用就会发生沉淀离析、咬底或渗色等病害。

3. 防火涂层厚度测定

（1）测针与测试图

测针（厚度测量仪）由针杆和可滑动的圆盘组成，圆盘始终保持与针杆垂直，并在其上装有固定装置，圆盘直径不大于30mm，以保持完全接触被测试件的表面。当厚度测量仪不易插入被测试件中时，也可使用其他适宜的方法测试。

测试时，将测针垂直插入防火涂层直至钢材表面上，记录标尺读数，如图3-18所示。

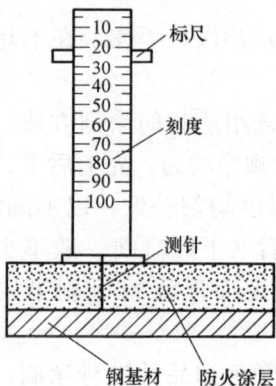

图 3-18　测量厚度示意图

（2）测点选定

1）楼板和防火墙的防火涂层厚度测定，可选相邻两纵、横轴线相交中的面积为一个单元，在其对角线上，按每米长度选一点进行测试。

2）钢框架结构的梁和柱的防火涂层厚度测定，在构件长度内每隔 3m 取一截面，按图 3-19 所示位置测试。

3）对于桁架结构，规定上弦和下弦每隔 3m 取一截面检测，其他腹杆每一根取一截面检测。

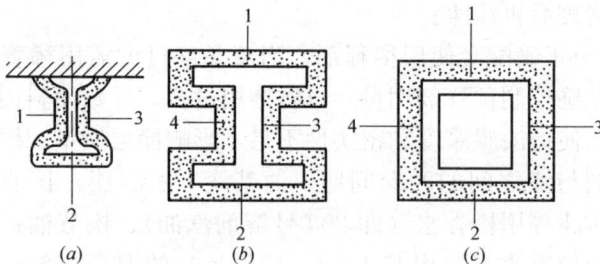

图 3-19　测点示意图

（a）工字梁；（b）工型柱；（c）方型柱

（3）测量结果

对于楼板和墙面，在所选择面积中至少测出 5 个点；对于梁和柱，在所选择的位置中分别测出 6 个和 8 个点。分别计算出它们的平均值，精确到 0.5mm。如图 3-20 所示。

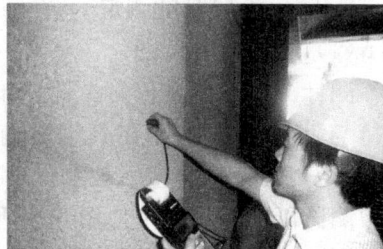

图 3-20　防火涂层厚度测量

第4章 涂装的安全与环保

4.1 涂装的安全管理

4.1.1 涂装的防火防爆

涂料的溶剂和稀释剂都属易燃品,具有很强的易燃性。这些物品在涂装施工过程中形成漆雾和有机溶剂蒸汽,达到一定浓度时,易发生火灾和爆炸。常用溶剂的爆炸界限见表 4-1。

常用溶剂的爆炸界限 表 4-1

溶剂名称	爆炸下限		爆炸上限	
	%(容量)	g/m³	%(容量)	g/m³
苯	1.5	48.7	9.5	308
甲苯	1.0	38.2	7.0	264
二甲苯	3.0	130.0	7.6	330
松节油	0.8	—	44.5	—
漆用汽油	1.4		6.0	
甲醇	3.5	46.5	36.5	478
乙醇	2.6	49.5	18.0	338
正丁醇	1.68	51.0	10.2	309
丙酮	2.5	60.5	9.0	218
环己酮	1.1	44.0	9.0	—
乙醚	1.85		36.5	
乙酸乙酯	2.18	80.4	11.4	410
乙酸丁酯	1.7	80.6	15.0	712

4.1.2 涂装的安全技术

1. 防火防爆

(1) 配制使用乙醇、苯、丙酮等易燃材料的施工现场,应严禁烟火和使用电炉等明火设备，并应配置消防器材。

（2）配制硫酸溶液时，应将硫酸注入水中，严禁将水注入硫酸中；配制硫酸乙酯时，应将硫酸慢慢注入酒精中，并充分搅拌，温度不得超过60℃，以防酸液飞溅伤人。

（3）防腐涂料的溶剂，易挥发出易燃易爆的蒸汽，当达到一定浓度后，遇火易引起燃烧或爆炸，施工时应加强通风，降低聚集密度。

2. 防尘防毒

（1）研磨、筛分、配料、搅拌粉状填料，宜在密封箱内进行，并有防尘措施，粉料中二氧化硅在空气中的浓度不得超过 $2mg/m^3$。

（2）酚醛树脂中的游离酚，聚氨酯涂料中的游离异氰酸基，漆酚树脂漆中的酚，水玻璃材料中的粉状氟硅酸钠，树脂类材料使用的固化剂，如乙二胺、间苯二胺、苯磺酰氯、酸类及溶剂以及溶剂汽油和丙酮，均有毒性，现场除自然通风外，还应根据情况设置机械通风，保持空气流通，使有害气体含量小于允许含量极限。

4.1.3 安全注意事项

（1）涂料施工的安全措施主要要求：涂漆施工场地要有良好的通风，如在通风条件不好的环境涂漆时，必须安装通风设备。

（2）因操作不小心，涂料溅到皮肤上时，可用木屑加肥皂水擦洗；最好不要用汽油或强溶剂擦洗，以免引起皮肤发炎。

（3）使用机械除锈工具（如钢丝刷、粗锉、风动或电动除锈工具）清除锈层、工业粉尘、旧漆膜时，为避免眼睛被沾污或受伤，要佩戴防护眼镜并戴上防尘口罩，以防呼吸道被感染。

（4）在涂装对人体有害的漆料（如红丹的铅中毒、天然大漆的漆毒、挥发型漆的溶剂中毒等）时，需要带上防毒口罩、封闭式眼罩等保护用品。

（5）在喷涂硝基漆或其他挥发型易燃性较大的涂料时，严禁使用明火，要严格遵守防火规则，以免失火或引起爆炸。

（6）高空作业时要系安全带，双层作业时要戴安全帽；要仔细检查跳板、脚手杆件、吊篮、云梯、绳索、安全网等施工用具有无损坏、捆扎是否牢固、有无腐蚀或搭接不良等隐患；每次使用之前均应在平地上做起重试验，以防造成事故。

（7）施工场所的电线要按防爆等级的规定安装；电动机的启动装置与配电设备，应该是防爆式的，要防止漆雾飞溅到照明灯油上。

（8）不允许把盛装涂料、溶剂或用剩的漆罐开口放置。浸染涂料或溶剂的破布及废棉纱等物，必须及时清除；涂漆环境或配料房要保持清洁，出入通畅。

（9）操作人员涂漆施工时，如感觉头痛、心悸或恶心，应立即离开施工现场，在通风良好的环境里换换新鲜空气，如仍然感到不适，应速去医院检查治疗。

4.2 家装涂料的室内污染

4.2.1 家装涂料室内污染简介

随着人们生活水平的日益提高，家居条件近年来得到了很大的改善。目前，人们主要注重功能齐全、健康、优雅的时尚住宅。居室装修的化学污染源大概来自以下几方面：人造木料、贴面板、涂料、釉面砖、家具（及其上的胶或涂料）、塑材、垃圾等，其中涂料污染往往最容易造成伤害，特别是急性中毒和致病，这是由涂料的特性决定的。

建筑装饰涂料因其色彩丰富、涂刷方便、施工及维修容易，从而在装修中得到了广泛应用。涂料虽然具有色泽柔美、品质优异、经久耐用等优势，但它也不可避免地给室内空气带来一定程度的污染。目前，大量用于室内装饰装修的木器涂料以溶剂为主，主要品种有聚氨酯类、醇酸类、硝基类等，而这些木器涂料大部分以有机物作为溶剂。

目前室内空气主要的污染物有五种：甲醛、苯、TVOC、氨、放射性污染。

4.2.2 涂料污染的原因

1. 涂料的组成及其污染成分

家装涂料分为两大类，一类是水性涂料，如普遍使用的"乳胶漆"，目前主要用于墙面的涂装；另一类是油溶性涂料，即人们俗称的"油漆"，目前主要用于贴面板材、家具、金属结构等。

"乳胶漆"用水作溶剂，污染相对较小，一般不会造成急性中毒，但仍是一个重要的污染源。因为乳胶漆中含有大量的成膜助剂，这些成分是相对分子质量不大的有机化合物，会长期缓慢释放出来，往往成为可疑性致癌物质。特别是在乳胶漆底层用的"腻子"，往往含有大量的甲醛。如国家明令禁用于家装的108胶水，现在仍大量使用于"腻子"中。

第二类涂料就是"油漆"，其含有大量有机溶剂和游离反应单体，可引起急性中毒或致癌。并且，所有这些挥发性的有机物进入大气后都会造成大气污染。

2. 几种常见的重污染物质

（1）甲醛，分子式为HCHO，其40%水溶液俗称福尔马林。它是一种无色可燃气体，具有强刺激性，有窒息性气味，对人的眼、鼻等有刺激作用，与空气形成爆炸性混合物，爆炸极限为7%～73%，着火温度约430℃。

毒性：吸入甲醛蒸气会引起恶心、鼻炎、支气管炎和结膜炎等。接触皮肤会引起灼伤，接触皮肤后应用大量水冲洗，并用肥皂水洗涤。空气中最大容许浓度为$10 \times 10^{-6} mg/m^3$。

（2）苯类物质：纯苯（C_6H_6）、甲苯（$C_6H_5CH_3$）、二甲苯（$CH_3C_6H_4CH_3$）。其中毒性最弱的是二甲苯，其毒性如下所示：

大鼠经口最低致死量4000mg/kg，小鼠致死量15～35mg/L。人体长期吸入浓度超标的蒸气，会出现疲惫、恶心、全身无力等症状，一般经治疗可愈，但也有因造血功能被破坏而导致患致死的颗粒性白细胞消失症。

（3）甲苯二异氨酸酯：即"固化剂"，产品中的成分是经低度聚合的，毒性较小，但难免有部分未经聚合的游离甲苯二异氰酸酯，特别是市场上五花八门的品牌，部分市售的漆都可能超标。其毒性如下：

剧毒，对皮肤、眼睛和黏膜有强烈的刺激作用，长期接触可引起支气管炎，少数病例呈哮喘状支气管扩张，甚至肺心病等，大鼠在 $(0.5\sim1)\times10^{-6}mg/m^3$ 浓度下每天吸入 6h，$5\sim10d$ 致死，人体吸入 0.0005mg/L 后，即发生严重咳嗽，空气中最高容许浓度为 $0.14mg/m^3$。

（4）漆酚：大漆中含有大量的漆酚，毒性很大，常会引起皮肤过敏。现在一些低档漆中常用。

3. 有机溶剂对大气的污染

有机溶剂对大气的污染主要是因为光化反应造成了地面（生活空间）的臭氧含量升高，而人类生存环境中的臭氧浓度应不大于 $0.12\mu L/L$。

4.2.3 涂料 VOC

我国已颁布的《室内装饰装修材料　溶剂型木器涂料中有害物质限量》GB 18581—2009 和《室内装饰装修材料　内墙涂料中有害物质限量》GB 18582—2008 中明确规定了硝基漆类 VOC 指标定位 720g/L，醇酸漆类 VOC 指标定为 500g/L，硝基、醇酸、聚氨酯三类漆的苯含量指标定为 0.3％，硝基漆类的甲苯和二甲苯的总量指标定为 30％，醇酸漆类的甲苯和二甲苯的总量指标定为 5％，聚氨酯漆类的甲苯和二甲苯的总量指标定为 30％，聚氨酯涂料中游离 TDI 指标定为 0.4％；墙面涂料中 VOC 指标定为 120g/L，游离甲醛指标定为 100mg/kg。